"十四五"职业教育国家规划教材

"十三五"职业教育国家规划教材

"十二五"职业教育国家规划教材
经全国职业教育教材审定委员会审定

高等院校技能应用型教材·网络技术系列

Windows Server 2016
系统管理与网络管理

唐 华 刘 磊 主编

电子工业出版社

Publishing House of Electronics Industry

北京·BEIJING

内 容 简 介

本书通过项目组织内容，以任务驱动的方式，由浅入深、系统全面地介绍 Windows Server 2016 的系统管理与网络管理。本书的主要内容包括 Windows Server 2016 的安装和工作环境的配置、本地用户和组、域环境的架设及账户管理、文件系统管理及资源共享、磁盘管理、架设 DNS 服务器、架设 DHCP 服务器、架设 Web 服务器和 FTP 服务器、架设 VPN 服务器和虚拟化服务。此外，本书还通过在线文档的方式介绍了使用 PowerShell 配置 DNS 服务器、安全管理、性能监视及优化、打印服务与管理等拓展项目。本书配备了 PPT 课件、实训讲义等教学资源，读者可以登录华信教育资源网（www.hxedu.com.cn）注册后免费下载。

本书内容选取合理，结构清晰，与企业网络应用环境结合紧密，蕴含了编者丰富的网络工程和教学经验。本书既可作为高等职业院校、应用型本科院校计算机相关专业的网络操作系统课程的配套教材，也可供从事相关技术研发工作的人员参考。

未经许可，不得以任何方式复制或抄袭本书之部分或全部内容。

版权所有，侵权必究。

图书在版编目（CIP）数据

Windows Server 2016 系统管理与网络管理 / 唐华，刘磊主编．—北京：电子工业出版社，2022.7

ISBN 978-7-121-37802-7

Ⅰ．①W⋯ Ⅱ．①唐⋯ ②刘⋯ Ⅲ．①Windows 操作系统－网络服务器－高等学校－教材 Ⅳ．①TP316.86

中国版本图书馆 CIP 数据核字（2019）第 240647 号

责任编辑：薛华强　　　　特约编辑：田学清
印　　刷：天津千鹤文化传播有限公司
装　　订：天津千鹤文化传播有限公司
出版发行：电子工业出版社
　　　　　北京市海淀区万寿路 173 信箱　　　　邮编：100036
开　　本：787×1092　　1/16　　印张：16.75　　字数：450.2 千字
版　　次：2022 年 7 月第 1 版
印　　次：2024 年 7 月第 5 次印刷
定　　价：55.00 元

凡所购买电子工业出版社图书有缺损问题，请向购买书店调换。若书店售缺，请与本社发行部联系，联系及邮购电话：（010）88254888，88258888。

质量投诉请发邮件至 zlts@phei.com.cn，盗版侵权举报请发邮件至 dbqq@phei.com.cn。

本书咨询联系方式：（010）88254569，xuehq@phei.com.cn，QQ1140210769。

前　言

　　本书从构建与管理网络的实际需求出发，介绍了 Windows Server 2016 服务器中系统管理与网络管理的相关内容。本书根据网络操作系统的特点，结合高等职业教育、应用型本科教育的人才培养需求，坚持"以应用为目的、理论够用、注重实践"的原则，组织教材内容。

　　本书由浅入深、系统全面地介绍了 Windows Server 2016 的安装和工作环境的配置、系统管理、网络管理及虚拟化服务等内容。本书包括 10 个项目，项目 1 主要介绍 Windows Server 2016 的安装和工作环境的配置；项目 2～5 主要介绍系统管理方面的知识；项目 6～10 介绍网络管理方面的知识，其中项目 10 介绍虚拟化服务。此外，本书还通过在线文档的方式介绍了其他拓展项目，包括使用 PowerShell 配置 DNS 服务器、安全管理、性能监视及优化、打印服务与管理。

　　本书将网络操作系统发展的新技术融入知识体系中，不仅注重理论知识和实用技术的结合，还注重对基本知识的理解与实践技能的培养，既培养学生掌握扎实的基础知识，又促进学生形成创新意识，并在实践过程中提高学生的创新能力。编者精心组织，设置了丰富且经典的案例，并通过案例阐述 Windows Server 2016 组网技术的基本原理和基本方法，每个案例都有实际的企业应用背景，与企业网络应用环境紧密结合。案例与案例之间层层深入，逐步递进。丰富的案例可以开阔学生的视野，提高学生的实践技能，并使学生充分理解和体会基本技能的重要性。

　　本书配备了 PPT 课件、实训讲义等教学资源，读者可以登录华信教育资源网（www.hxedu.com.cn）注册后免费下载。

　　本书由华南师范大学的唐华和广东开放大学（广东理工职业学院）的刘磊担任主编。

　　读者在阅读本书的过程中，如有疑问，可与编者联系（karma2001@163.com）。

　　在编写过程中，虽然编者力求严谨务实，但是书中难免存在不足之处，敬请广大读者批评指正。

编　者

目　录

项目1　Windows Server 2016 的安装和工作环境的配置

【项目情景】

岭南信息技术有限公司是一家专业的提供信息化建设的网络技术服务公司，于 2013 年为岭南中心医院建设了内部局域网络，架设了一台医院信息管理系统服务器并负责维护，该服务器使用的是 Windows Server 2012。

在某天晚上的一次雷击事故中，UPS（Uninterruptible Power System，不间断电源）出现故障，导致服务器操作系统崩溃，无法启动操作系统。技术人员检查后发现硬盘出现磁道损坏，需要更换新的硬盘。另外，医院的机房管理人员抱怨 Windows Server 2012 存在一些功能缺陷，难以满足当前的工作需求，建议在更换硬盘的同时升级服务器操作系统。那么，应该如何进行处理呢？

【项目分析】

（1）可以将操作系统更换为 Windows Server 2016，利用 Windows Server 2016 的新功能来弥补 Windows Server 2012 的功能缺陷。

（2）在安装 Windows Server 2016 之前，应该规划操作系统的安装方式。由于硬盘已经损坏，需要更换新的硬盘，因此采用全新安装 Windows Server 2016 的方式。

【项目目标】

（1）理解 Windows Server 2016 各个版本的特点及相关特性。
（2）熟悉安装 Windows Server 2016 的条件及注意事项。
（3）掌握 Windows Server 2016 的安装过程，以及操作系统的启动和登录。
（4）掌握 Windows Server 2016 的工作环境的配置方法。

【项目任务】

任务 1　Windows Server 2016 的安装
任务 2　Windows Server 2016 的工作环境的配置

1.1 任务 1 Windows Server 2016 的安装

1.1.1 任务知识准备

1．Windows Server 2016 概述

Windows Server 2016 是 Microsoft 于 2016 年 10 月发布的基于 Windows NT 技术开发的新一代网络操作系统，是 Windows Server 2012 R2 的继任者。对于企业应用而言，服务器操作系统的选择对构建网络是非常重要的。面对复杂的网络管理任务，选择稳定易用的操作系统无疑是至关重要的。Windows Server 2016 作为 Microsoft 新一代的网络操作系统，继承了 Windows Server 2012 的稳定性和 Windows 10 的易用性，并且提供了更好的硬件支持和更强大的功能。Windows Server 2016 可以为企业提供更加高效的网络传输和更加可靠的安全管理，从而帮助管理员减轻部署的负担，提高工作效率。

1）Windows Server 2016 的服务器角色

Windows Server 2016 作为一种网络操作系统，能提供各种网络服务，下面列举其中的一些服务器角色。

（1）文件和打印服务器。

（2）Web 服务器和 Web 应用程序服务器。

（3）邮件服务器。

（4）终端服务器。

（5）远程访问/虚拟专用网络（Virtual Private Network，VPN）服务器。

（6）目录服务器。

（7）域名系统（Domain Name System，DNS）。

（8）动态主机配置协议（Dynamic Host Configuration Protocol，DHCP）服务器。

（9）证书服务。

（10）流媒体服务器。

2）Windows Server 2016 的新特性

Windows Server 2016 增加了许多新特性，比 Windows Server 2012 更易用、更稳定、更安全、更强大。Windows Server 2016 增加的新特性主要体现在以下 6 个方面。

（1）虚拟化。

Windows Server 2016 提供的虚拟化区域包括适用于 IT 专业人员的虚拟化产品和功能，用于设计、部署和维护 Windows Server。

Windows Server 2016 中的 Hyper-V 具有兼容 Connected Standby 模式、分配离散设备、在第一代虚拟机中使用磁盘加密、保护主机资源、网络适配器和内存的热添加与删除、Linux 安全启动、嵌套虚拟化等功能。

Windows Server 2016 中的 Nano Server 具有一个已更新的模块，用于构建 Nano Server 映像，包括物理主机和来宾虚拟机功能的更大分离度，以及对不同 Windows Server 版本的支持。

Windows Server 2016 提供了新的基于 Hyper-V 的受防护的虚拟机，以保护第二代虚拟机免受已损坏的构造的影响。Windows Server 2016 引入了新的"支持加密"模式，完全支持将

现有非受防护的第二代虚拟机转换为受防护的虚拟机，包括自动磁盘加密。

（2）访问安全。

Windows Server 2016 身份标识中的新功能提高了组织保护 Active Directory 环境的能力，并帮助它们迁移到仅限云的部署和混合部署，其中某些应用程序和服务托管在云中，其他的则托管在本地。

（3）系统管理。

Windows Server 2016 新增的系统管理功能包括以下几个：支持在 Nano Server 上本地运行 PowerShell.exe，新增"本地用户和组"cmdlet 命令来替换 GUI，添加了 PowerShell 调试支持，添加了对 Nano Server 中安全日志记录、脚本及 JEA 的支持。

（4）网络。

Windows Server 2016 可以将流量映射并传送到新的或现有的虚拟设备，可以使用 System Center Virtual Machine Manager 部署并管理整个软件定义网络（Software Defined Network，SDN）堆栈，可以使用 Docker 来管理 Windows Server 容器网络，并将 SDN 策略与虚拟机和容器关联。Windows Server 2016 将默认初始拥塞窗口（Initial Congestion Window，ICW）值从 4 增大到 10，并已实现 TCP 快速打开（TCP Fast Open，TFO）。

（5）安全保障。

Windows Server 2016 提供了 Just Enough Administration 的功能，可以使由 Windows PowerShell 管理的任何内容均可进行委派管理。凭据保护（Credential Guard）功能使用基于虚拟化的安全性来隔离密钥，以便只有特权系统软件才可以访问它们。控制流防护（Control Flow Guard，CFG）功能可以防止或消除内存损坏漏洞。

（6）故障转移。

Windows Server 2016 包含使用故障转移群集功能组合到单个容错群集中等多个新功能和增强功能，包括群集操作系统滚动升级、存储副本、云见证、虚拟机复原、故障转移群集中的诊断改进、站点感知故障转移群集、工作组和多域群集、虚拟机负载平衡与启动顺序，以及简化的 SMB（Server Message Block，服务器消息块协议）多通道和多 NIC（Network Interface Card，网络适配器）群集网络等。

3）Windows Server 2016 的版本

Windows Server 2016 有 3 个主要版本：Essentials、Standard 和 Datacenter。

（1）Windows Server 2016 Essentials 面向中小企业，用户限定在 25 个以内，最多 50 台设备。该版本简化了界面，预先配置云服务连接，不支持虚拟化。

（2）Windows Server 2016 Standard 提供完整的 Windows Server 功能，适用于低密度或非虚拟化的环境，限制使用两台虚拟机及一台 Hyper-V 主机。

（3）Windows Server 2016 Datacenter 提供完整的 Windows Server 功能，适用于高度虚拟化和软件定义数据中心环境，不限制虚拟机数量。

2．安装 Windows Server 2016 前的准备工作

在安装 Windows Server 2016 之前，应收集所有必要的信息，好的准备工作有助于安装过程的顺利进行。

（1）系统需求。安装 Windows Server 2016 的计算机必须符合一定的硬件要求，如最低配置 CPU 为 1.4GHz 的 64 位处理器，内存空间为 512MB，硬盘空间为 32GB。但为了使 Windows

Server 2016 达到合理的性能要求，建议使用如下配置。

CPU：64 位操作系统，主频为 2GHz。

内存：2GB。

硬盘：40GB 剩余磁盘空间。

此外，若要使用光盘安装操作系统，还需要准备一台 CD-ROM 或 DVD 光驱。同时，检查硬件配置是否满足操作系统的要求，是否在 Windows Server 2016 的硬件兼容列表（Hardware Compatibility List，HCL）中。

（2）选择磁盘分区。在安装 Windows Server 2016 之前，还应决定操作系统安装的磁盘分区。如果磁盘没有分区，则可以创建一个新的分区，并将 Windows Server 2016 安装在此磁盘分区中；如果磁盘已经分区，则可以选择某个空间足够大的分区来安装 Windows Server 2016；如果欲安装的分区已经存在其他的操作系统，则可以选择将其覆盖或升级安装 Windows Server 2016。

（3）选择文件系统。任何一个新的磁盘分区都必须在被格式化为合适的文件系统后，才可以在其中安装 Windows Server 2016 和存储数据。在新建用来安装 Windows Server 2016 的磁盘分区后，安装程序就会要求用户选择文件系统，以便格式化该磁盘分区。Windows Server 2016 支持 FAT32 和 NTFS，其中 NTFS 具有较好的性能、系统恢复功能和安全性。因此，建议采用 NTFS 安装 Windows Server 2016。

（4）备份数据。在安装 Windows Server 2016 之前，需要先备份要保留的文件。特别是升级安装，为了防止升级不成功而导致数据丢失，备份尤为重要。

（5）断开 UPS 服务。如果计算机连接了 UPS 设备，那么在运行安装程序之前，应该断开与 UPS 相连的串行电缆。因为 Windows Server 2016 的 Setup 程序将自动检测连接到串行端口的设备，不断开串行电缆会导致检测过程出现问题。

（6）检查引导扇区的病毒。引导扇区的病毒会导致 Windows Server 2016 的安装失败。为了证实引导扇区没有感染病毒，可以运行相应的防病毒软件对引导扇区进行病毒检查。

（7）断开网络。如果计算机接入了网络，则建议在安装 Windows Server 2016 之前断开网络，这样可以确保在安装防病毒软件之前不会受到"冲击波""振荡波""ARP 蠕虫"等病毒的感染。

3．安装 Windows Server 2016 的方法

在 x86 的 64 位计算机上安装 Windows Server 2016 主要有以下 4 种方法。

（1）全新安装。

目前，大部分的计算机都支持从光盘启动，通过设置 BIOS 支持从 CD-ROM 或 DVD-ROM 启动，便可直接用 Windows Server 2016 安装光盘启动计算机，安装程序将自动运行。

（2）升级安装。

如果计算机原来安装的是 Windows Server 2012 等，则可以直接升级成 Windows Server 2016，此时不用卸载原来的 Windows 操作系统，只要在原来的操作系统的基础上进行升级安装即可，而且升级后还可以保留原来的配置。升级安装一般用于企业对现有系统的升级，通过升级可以大大缩短对原系统的重新配置时间。

（3）通过 Windows 部署服务器远程安装。

和 Windows Server 2012 一样，Windows Server 2016 也支持通过 Windows 部署服务器远

程安装，并且可以通过应答文件实现自动安装。当然，服务器网卡必须支持预引导执行环境（Preboot eXecution Environment，PXE）功能，可以从远程引导。

（4）安装 Server Core。

Windows Server 2016 支持 Server Core 的安装。Windows Server Core 是 Microsoft 从 Windows Server 2008 开始推出的革命性功能部件，是不具备图形界面、纯命令行的服务器操作系统，只安装了核心基础服务，减小了被攻击的可能性，因此，操作系统更加安全、稳定和可靠。

1.1.2 任务实施

下面介绍从光盘引导全新安装 Windows Server 2016 Standard 的具体步骤。

（1）在 BIOS 中将计算机设置为从光盘引导，先将 Windows Server 2016 光盘放入光驱，然后重新启动计算机，此时将从光盘启动安装程序。一旦加载了部分驱动程序，并初始化了 Windows Server 2016 执行环境，就会显示如图 1.1 所示的界面。更改或选择默认的"要安装的语言""时间和货币格式""键盘和输入方法"后，直接单击"下一步"按钮开始安装全新的 Windows Server 2016。

（2）在弹出的窗口中单击"现在安装"按钮，如图 1.2 所示，系统随即显示"选择要安装的操作系统"界面。在"操作系统"列表框中列出了可以安装的操作系统版本。这里选择"Windows Server 2016 Standard（桌面体验）"选项，安装 Windows Server 2016 Standard。

图 1.1　安装 Windows Server 2016 的界面　　　图 1.2　单击"现在安装"按钮

（3）单击"下一步"按钮，随后显示 Windows Server 2016 的"授权协议"界面。其中显示了"Microsoft 软件许可条款"的正文。阅读许可条款，并且必须接受许可条款方可继续安装。勾选"我接受许可条款"复选框。

（4）单击"下一步"按钮，打开如图 1.3 所示的"你想执行哪种类型的安装？"对话框。其中，"升级"选项用于从 Windows Server 2012 升级到 Windows Server 2016，如果当前计算机没有安装操作系统，则该选项不可用；"自定义"选项用于全新安装。

（5）选择"自定义"选项，打开如图 1.4 所示的"你想将 Windows 安装在哪里？"对话框，该硬盘尚未分区。如果服务器上安装了多块硬盘，则会依次显示为磁盘 0、磁盘 1、磁盘 2 等。单击"驱动器选项（高级）"链接，可以对磁盘进行分区、格式化及删除已有分区等。

（6）直接选择第一个分区来安装操作系统，单击"下一步"按钮，打开如图 1.5 所示的"正在安装 Windows"对话框，开始复制文件并安装 Windows 操作系统。

图 1.3 "你想执行哪种类型的安装？"对话框　　　图 1.4 "你想将 Windows 安装在哪里？"对话框

图 1.5 "正在安装 Windows"对话框

（7）在安装过程中，会根据需要自动重启系统。安装完成后，系统要求用户在首次登录之前必须为内置管理员账户 Administrator 设置密码，显示的界面如图 1.6[①]所示，先在"密码"和"重新输入密码"文本框中输入密码，然后按 Enter 键，密码设置成功。需要注意的是，在 Windows Server 2016 中，必须设置复杂密码，否则系统将提示"无法设置密码。为新密码提供的值不符合字符域的长度、复杂性或历史要求"。复杂密码一般由大写字母、小写字母、数字、特殊符号等构成，如密码"abc@123ABC"就符合要求。

（8）单击"确定"按钮，需要使用上面设置的密码登录系统。在"密码"文本框中输入密码，按 Enter 键，即可登录 Windows Server 2016，并默认启动"服务器管理器"窗口，如图 1.7 所示。至此，完成 Windows Server 2016 的安装。

图 1.6 设置密码界面　　　　　　　　图 1.7 "服务器管理器"窗口

---

① 图中"键入"的正确用法为"输入"，"帐户"的正确用法为"账户"。

1.2　任务 2　Windows Server 2016 的工作环境的配置

1.2.1　任务知识准备

在安装 Windows Server 2016 的过程中无须设置计算机名、网络连接等信息，所需时间大大缩短。在安装完成后，应该设置计算机名和 IP 地址、配置 Windows 防火墙，以及配置自动更新等。

1.2.2　任务实施

1. 设置计算机名

Windows Server 2016 在安装过程中无须设置计算机名，而是使用由系统随机配置的计算机名。但系统配置的计算机名不仅冗长，还不便于标记。因此，为了更好地标识服务器，建议将服务器计算机名改为具有一定意义的名称，操作方法如下。

（1）执行"开始→管理工具→服务器管理器"命令，在打开的"服务器管理器"窗口的"属性"区域中，单击默认的计算机名链接，打开如图 1.8 所示的"系统属性"对话框。

（2）先单击"更改"按钮，打开如图 1.9 所示的"计算机名/域更改"对话框，在"计算机名"文本框中输入一个新的计算机名，这里输入的是 PUMA。然后单击"确定"按钮，系统提示"您必须重新启动计算机才能应用这些更改"，单击"确定"按钮后，可以选择"立即重新启动"选项或"稍后重新启动"选项。

图 1.8　"系统属性"对话框

图 1.9　"计算机名/域更改"对话框

2. 设置 IP 地址

网络中的计算机都需要一个 IP 地址，以便与其他计算机进行通信。如果网络中安装了 DHCP 服务器，那么使用默认的"自动获取 IP 地址"即可自行获得 IP 地址，否则需要手动指定 IP 地址。

（1）右击桌面状态栏托盘区域中的"网络连接"，在弹出的快捷菜单中选择"网络和共享中心"命令，打开如图 1.10 所示的"网络和共享中心"窗口，在这个窗口中显示了网络的连接状态。

图 1.10　"网络和共享中心"窗口

（2）单击左窗格"任务"列表中的"更改适配器设置"链接，打开如图 1.11 所示的"网络连接"窗口，右击"本地连接"，在弹出的快捷菜单中选择"属性"命令，打开如图 1.12 所示的"Ethernet0 属性"对话框。

图 1.11　"网络连接"窗口

（3）在"Ethernet0 属性"对话框中可以配置 IPv4 协议、IPv6 协议等。这里配置的是 IPv4 协议的 IP 地址等相关信息，因此勾选"Internet 协议版本 4（TCP/IPv4）"复选框，打开"Internet 协议版本 4（TCP/IPv4）属性"对话框。如图 1.13 所示，如果手动指定 IP 地址，则选中"使用下面的 IP 地址"单选按钮和"使用下面的 DNS 服务器地址"单选按钮,并设置"IP 地址" "子网掩码""默认网关""首选 DNS 服务器""备用 DNS 服务器"等选项。设置完成后单击 "确定"按钮,完成 IP 地址的设置。

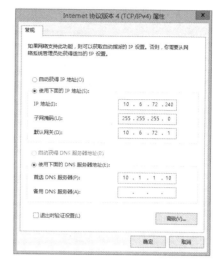

图 1.12 "Ethernet0 属性"对话框   图 1.13 "Internet 协议版本 4(TCP/IPv4)属性"对话框

3. 配置 Windows 防火墙

Windows Server 2016 自带 Windows 防火墙功能,可以有效地防止服务器上未经允许的程序与网络进行通信,从而在一定程度上保护服务器与网络的安全。如果要允许某个程序与网络通信,则可以将其添加到 Windows 防火墙的"允许的应用和功能"列表中。在默认状态下,安装完 Windows Server 2016 以后,Windows 防火墙就处于开启状态。配置防火墙的基本方法如下。

(1)执行"开始→控制面板→Windows 防火墙"命令,打开如图 1.14 所示的"Windows 防火墙"窗口。可以看出,Windows 防火墙已经关闭。可以通过启动或关闭防火墙对防火墙进行配置和修改。

图 1.14 "Windows 防火墙"窗口

（2）单击图 1.14 中的"启用或关闭 Windows 防火墙"链接，打开如图 1.15 所示的"自定义设置"窗口，系统默认选中"启用 Windows 防火墙"单选按钮开启防火墙，如果希望切断所有的网络连接，则勾选"阻止所有传入连接，包括位于允许应用列表中的应用"复选框。如果要关闭防火墙，则选中"关闭 Windows 防火墙"单选按钮禁止防火墙。

图 1.15　"自定义设置"窗口

4．配置自动更新

为了保护 Windows 操作系统的安全，Microsoft 会及时发布各种更新程序和补丁程序，以修补系统漏洞，提高系统性能。因此，系统更新是 Windows 操作系统必不可少的功能。在 Windows Server 2016 服务器中，为了避免因漏洞而造成系统出现问题，必须启用自动更新功能，并配置系统定时或自动下载更新程序。配置更新的方法如下。

（1）执行"开始→设置→更新和安全"命令，或者在"服务器管理器"窗口的"属性"区域中单击"Windows 更新"链接，打开如图 1.16 所示的"Windows 更新"窗口。在 Windows Server 2016 安装完成后，系统默认启用自动更新功能。

图 1.16　"Windows 更新"窗口

（2）单击"更新设置→高级选项"链接，可以在打开的窗口中选择 Windows 操作系统安装更新的方式。如果选中"推迟功能更新"单选按钮，则推迟系统自动更新。单击"确定"按钮保存设置。Windows Server 2016 会根据所做的配置自动从 Windows Update 网站检查并下载更新。

（3）如果网络中配置了 WSUS（Windows Server Update Services）服务器，那么 Windows Server 2016 就可以从 WSUS 服务器上下载更新，而不必连接 Microsoft 的更新服务器，这样可以节省企业的 Internet 带宽资源。要配置 WSUS 服务器，应该右击"开始"，选择"运行"命令，在"打开"文本框中输入 gpedit.msc，如图 1.17 所示。单击"确定"按钮后打开"本地组策略编辑器"窗口，如图 1.18 所示。

（4）依次展开"计算机配置→管理模板→Windows 组件→Windows 更新"，双击"配置自动更新"，如图 1.19 所示，打开如图 1.20 所示的"配置自动更新"窗口。

图 1.17　输入 gpedit.msc

图 1.18　"本地组策略编辑器"窗口

图 1.19　双击"配置自动更新"

（5）选中"已启用"单选按钮，并在"配置自动更新"下拉列表中选择下载更新的方式。如图 1.20 所示，这里选择的是"3-自动下载并通知安装"选项，单击"确定"按钮保存配置。

（6）双击图 1.19 中的"指定 Intranet Microsoft 更新服务位置"，打开"指定 Intranet Microsoft 更新服务位置"窗口，选中该窗口中的"已启用"单选按钮，并在"设置检测更新的 Intranet 更新服务"文本框和"设置 Intranet 统计服务器"文本框中输入 WSUS 服务器的地址，WSUS 服务器的地址可以向自己的内网管理员获取或查找公共地址。设置后的"指定 Intranet Microsoft 更新服务位置"窗口如图 1.21 所示。

图 1.20　"配置自动更新"窗口

图 1.21　"指定 Intranet Microsoft 更新服务
位置"窗口

经过设置，Windows Server 2016 就可以自动从 WSUS 服务器上检测并下载更新程序。

5．添加与删除服务器角色和功能

在 Windows Server 2016 中，采用"服务器管理器"工具代替 Windows Server 2003 中的"管理您的服务器"工具，而且对于早期 Windows 操作系统中的"添加/删除 Windows 组件"和"配置您的服务器向导"等操作，在 Windows Server 2016 中都可以通过"服务器管理器"窗口完成。

1）添加服务器角色和功能

在 Windows Server 2016 中，默认没有安装任何网络服务器组件，只提供了一台供用户登录的独立网络服务器，所有的角色和功能都可以通过"服务器管理器"窗口添加并操作。具体操作如下。

（1）执行"开始→管理工具→服务器管理器"命令，或者执行"开始→服务器管理器"命令，打开如图 1.22 所示的"服务器管理器"窗口。单击左窗格中的"仪表板"，并在右窗格中单击"添加角色和功能"链接，打开如图 1.23 所示的"开始之前"界面。

图 1.22　"服务器管理器"窗口

图 1.23　"开始之前"界面

（2）单击"下一步"按钮，打开如图 1.24 所示的"选择安装类型"界面，选中该界面中的"基于角色或基于功能的安装"单选按钮，单击"下一步"按钮，打开"选择目标服务器"界面，按默认选择本机服务器，如图 1.25 所示，单击"下一步"按钮，打开如图 1.26 所示的"选择服务器角色"界面，在该界面中选择需要安装的 Windows 服务器组件。"角色"列表框中列出了所有可以安装的网络服务。如果要安装某种服务，只要勾选相应的复选框即可。例如，若要安装 Web 服务器，则勾选"Web 服务器（IIS）"复选框。

图 1.24　"选择安装类型"界面

图 1.25　"选择目标服务器"界面

（3）单击"下一步"按钮，打开如图 1.27 所示的"选择功能"界面，除服务器角色外，

Windows Server 2016 还内置了很多功能,如备份功能、Telnet 服务器和客户端功能、PowerShell 功能等。有些功能可以单独安装,有些功能在安装其他服务器时同时安装,用户可以根据自己的需求进行选择。"功能"列表框中列出了所有可以安装的功能。如果要安装某种功能,只需勾选相应的复选框即可。例如,若要安装 TFTP 客户端功能,则勾选"TFTP 客户端"复选框。

图 1.26   "选择服务器角色"界面

图 1.27   "选择功能"界面

（4）单击"下一步"按钮,显示相应网络服务的简介及帮助信息链接。单击"下一步"按钮,打开如图 1.28 所示的"选择角色服务"界面,在这个界面中选择需要安装的 Web 服务器组件。选择后，Windows 操作系统会检查组件之间的关联性并自动安装相关联的组件。

图 1.28　"选择角色服务"界面

（5）单击"下一步"按钮，在打开的界面中单击"安装"按钮即可开始安装所选择的网络服务。根据系统提示，在部分网络服务安装过程中可能需要提供 Windows Server 2016 安装光盘。有些网络服务在安装过程中可能需要调用配置向导，进行一些简单的服务配置，关于这些配置读者可以参考本书后面的内容。安装完成后，就可以在"服务器管理器·仪表板"界面中找到 IIS 管理选项，如图 1.29 所示。

图 1.29　安装的服务器组件

2）删除服务器角色和功能

服务器角色的模块化管理是 Windows Server 2016 的一个突出特点。在组件（角色）安装完成后，用户也可以根据自己的需求再添加或删除某些角色服务中的组件。服务器角色和功能的删除同样可以在"服务器管理器"窗口中完成，但是在删除之前需要先确认是否有其他网络服务或 Windows 功能需要调用当前服务，以避免出现不必要的系统安全性和稳定性问题。删除服务器角色和功能的方法如下。

打开"服务器管理器"窗口，选择"管理→删除角色和功能"命令，打开"删除角色和功能向导"窗口，与添加角色和功能的操作类似。单击"下一步"按钮，直到显示"删除服务器角色"界面，如图 1.30 所示，在该界面中勾选待删除的服务器角色前面的复选框。如果有服务依存关系，那么系统提示是否需要同时删除依存角色服务，确认后单击"下一步"按钮，打开如图 1.31 所示的"删除功能"界面，若要删除某项功能，则勾选待删除的功能的复选框，单击"下一步"按钮，并单击"删除"按钮，即可删除相应的服务器角色和功能。

图 1.30　"删除服务器角色"界面

图 1.31　"删除功能"界面

实训 1　安装 Windows Server 2016

一、实训目标

（1）了解 Windows Server 2016 各种不同的安装方式，能根据不同的情况正确地选择不同的安装方式。

（2）掌握 Windows Server 2016 的安装过程及系统的启动和登录。

（3）掌握 Windows Server 2016 的工作环境的配置方法。

二、实训准备

（1）网络环境：已搭建好的 100Mbit/s 的以太网，包含交换机、超五类（或五类）UTP 直通线若干、3 台或 3 台以上的计算机（具体数量可以根据学生人数安排）。

（2）计算机配置：CPU 为 Intel Pentium 4 以上版本，内存不小于 1GB，硬盘剩余空间不小于 60GB。

（3）软件：Windows Server 2016 安装光盘。

三、实训步骤

在全新硬盘中（裸机）中完成如下操作。

（1）进入计算机的 BIOS，设置为从 CD-ROM 启动系统。

（2）将 Windows Server 2016 安装光盘插入光驱，从 CD-ROM 引导，并开始全新的 Windows Server 2016 的安装。

（3）要求系统分区大小为 40GB，管理员密码为 lingnanadmin。

（4）对系统进行初始化配置，计算机名为 PUMAServer，工作组为 WORKGROUP。

（5）设置桌面分辨率为 1024 像素×768 像素，设置计算机为经典开始菜单，在系统中扩展控制面板并显示管理工具。

（6）设置 TCP/IP 协议，配置 IP 地址为 192.168.2.2，子网掩码为 255.255.255.0，网关为 192.168.2.1，DNS 为 202.103.96.68 和 202.103.96.112。

习　题　1

一、填空题

1．Windows Server 2016 包含 3 个版本，分别是_____、_____、_____。

2．在 x86 的 64 位计算机上安装 Windows Server 2016 时，主要包括 4 种安装方法，分别是_____、_____、_____和_____。

3．Windows Server 2016 内置的_____技术，可以在单台服务器上虚拟 Windows、Linux、UNIX 等操作系统。

二、选择题

在安装 Windows Server 2016 的过程中，为了保证不被网络中的病毒所感染，应该采取的安全措施是（ ）。

A．先安装杀毒软件
B．采用无人值守的安装方式
C．先断开网络
D．对计算机进行低级格式化

三、简答题

1．简述 Windows Server 2016 各个版本的区别。

2．简述 Windows Server 2016 的新特性。

3．安装 Windows Server 2016 对系统有哪些要求？

4．简述 Windows Server 2016 的启动过程。

项目 2　本地用户和组

【项目情景】

岭南信息技术有限公司在成立初期，信息系统的应用较少，主要有一台安装 Windows Server 2016 的服务器，服务器管理的资源和用户数量都较少。公司管理层希望按用户使用资源的应用需求、权限和访问资源的安全策略对用户进行设置、分类与管理。这样既能满足员工的工作需求，又能为服务器系统的安全提供保证。

本项目以公司的财务部和销售部为例，其中财务部主要的工作岗位有主管、会计和出纳，销售部主要的工作岗位有主管、销售员、文员等。针对公司业务环境，需要了解使用公司服务器的用户有哪些应用需求，哪些用户具有对服务器的管理需求，用户对服务器的哪些资源具有访问权限，如何对员工按工作需求进行分类，如何有效配置本地计算机的安全环境，如何配置本地计算机的安全策略。

【项目分析】

（1）在服务器上创建本地用户，按用户的应用需求配置账户属性。

（2）在服务器上创建本地组，按用户使用的资源分类设置本地组。

（3）通过设置本地安全策略，配置用户访问本地服务器的安全性，同时还可以配置用户账户对服务器进行管理与访问的权限。

【项目目标】

（1）理解本地用户和组在企业中的应用需求。

（2）会创建用户和组，并按照用户的工作需求配置用户属性和实现组的管理。

（3）会根据应用需求配置本地计算机的安全环境和本地安全策略。

【项目任务】

任务 1　本地用户账户的创建与管理

任务 2　本地组的创建与配置

任务 3　设置本地安全策略

2.1　任务 1　本地用户账户的创建与管理

2.1.1　任务知识准备

安装完操作系统并完成操作系统的工作环境的配置后，管理员应规划一个安全的网络环境，为用户提供有效的资源访问服务。Windows Server 2016 通过建立账户（包括用户账户和组账户）并赋予账户合适的权限来保证使用网络和计算机资源的合法性，以确保数据访问、存储和交换服从安全需求。保证 Windows Server 2016 安全性的主要方法如下。

（1）严格定义各种账户权限，阻止用户执行可能具有危害性的网络操作。

（2）使用组规划用户权限，简化账户权限的管理。

（3）禁止非法计算机接入网络。

（4）应用本地安全策略和组策略制定更详细的安全规则。

1．用户账户概述

用户账户是计算机的基本安全组件。计算机通过用户账户来辨别用户身份，让有使用权限的用户登录计算机，访问本地计算机资源或从网络访问这台计算机的共享资源。指派不同的用户拥有不同的权限，可以让用户执行不同的计算机管理任务。所以，每台运行 Windows Server 2016 的计算机，都需要用户账户才能登录。在登录过程中，Windows Server 2016 要求用户指定或输入不同的用户名和密码，当输入的用户名和密码与本地安全数据库中的用户信息一致时，才能让用户登录本地计算机或从网络上获取对资源的访问权限。当用户登录时，本地计算机验证用户账户的有效性，如果用户提供了正确的用户名和密码，则本地计算机分配给用户一个访问令牌（Access Token），该令牌定义了用户在本地计算机上的访问权限，资源所在的计算机负责对该令牌进行鉴别，以保证用户只在管理员定义的权限范围内使用本地计算机上的资源。对访问令牌的分配和鉴别是由本地计算机的本地安全权限（Local Security Authority，LSA）负责的。

Windows Server 2016 支持两种用户账户：域用户账户和本地用户账户。使用域用户账户可以登录域，并获得访问该网络的权限；使用本地用户账户只能登录一台特定的计算机，并访问该计算机上的资源。Windows Server 2016 还提供了内置用户账户，用于执行特定的管理任务或使用户能够访问网络资源。

注意：域环境下的域用户账户将在项目 3 介绍，本项目主要介绍本地用户和组的管理。

本地用户账户仅允许用户登录并访问创建该账户的计算机。当创建本地用户账户时，Windows Server 2016 仅在计算机位于%Systemroot%\system32\config 文件夹下的安全数据库［SAM（Security Accounts Manager，安全账户管理器）］中创建该账户。

Windows Server 2016 默认有 Administrator 账户和 Guest 账户。Administrator 账户可以执行计算机管理的所有操作；而 Guest 账户是为临时访问计算机的用户设置的，默认是禁用的。

Windows Server 2016 为每个账户提供了名称，如 Administrator、Guest 等，这些名称是为了方便用户记忆、输入和使用的。在本地计算机中的用户账户是不允许相同的。而系统内部则使用安全标识符（Security Identifier，SID）来识别用户身份，每个用户账户都对应一个唯一的安全标识符，这个安全标识符在用户创建时由系统自动生成。系统指派权利、授权资源访问权限等都需要使用安全标识符。在删除一个用户账户后，重新创建名称相同的账户并不能获得先前账户的权利。用户登录后，可以在命令提示符状态下输入 whoami /logonid 查询当前用户账户的安全标识符，如图 2.1 所示。

图 2.1　查询当前用户账户的安全标识符

关于系统内置的 Administrator 账户和 Guest 账户的简单介绍如下。

（1）Administrator 账户：使用内置的 Administrator 账户可以对整台计算机或域配置进行管理，如创建或修改用户账户和组、管理安全策略、创建打印机、分配允许用户访问资源的权限等。作为管理员，应该创建一个普通用户账户，在执行非管理任务时使用该用户账户，仅在执行管理任务时才使用 Administrator 账户。Administrator 账户可以更名，但不可以删除。

（2）Guest 账户：一般的临时用户可以使用内置的 Guest 账户进行登录并访问资源。在默认情况下，为了保证系统的安全，Guest 账户是禁用的，但在安全性要求不高的网络环境中，可以使用该账户，并且通常为其分配一个口令。

2．规划新的用户账户

遵循以下约定和原则可以简化创建账户后的管理工作。

1）命名约定

（1）账户名必须唯一：本地账户名在本地计算机上必须是唯一的。

（2）账户名不能包含以下字符：*、/、\、[、]、:、|、=、,、+、/、<、>和"。

（3）账户名最长不能超过 20 个字符。

2）密码原则

（1）一定要为 Administrator 账户指定一个密码，以防止他人随便使用该账户。

（2）确定是管理员还是用户拥有密码的控制权。用户可以为每个用户账户指定唯一的密码，并防止其他用户对其进行更改，也可以允许用户在第一次登录时输入自己的密码。在一般情况下，用户应该可以控制自己的密码。

（3）密码不能太简单，应该不容易让他人猜出。

（4）密码最多由 128 个字符组成，推荐最小长度为 8 个字符。

（5）密码应由大小写字母、数字及合法的非字母数字的字符混合组成，如 P@ssw0rd。

2.1.2　任务实施

1．创建本地用户账户

用户可以使用"计算机管理"窗口中的"本地用户和组"管理单元来创建本地用户账户（见图 2.2），而且用户必须拥有管理员权限。创建本地用户账户的步骤如下。

（1）执行"开始→管理工具→计算机管理"命令。

（2）在"计算机管理"窗口中，展开"本地用户和组"，右击"用户"，在弹出的快捷菜单中选择"新用户"命令，如图 2.3 所示。

图 2.2　"计算机管理"窗口　　　　　　　图 2.3　选择"新用户"命令

（3）打开"新用户"对话框后，输入用户名、全名和描述，并且输入密码，如图 2.4 所示。可以设置密码选项，包括"用户下次登录时须更改密码""用户不能更改密码""密码永不过期""账户已禁用"等。设置完成后，单击"创建"按钮新增用户账户。关于密码选项的描述如表 2.1 所示。创建完用户账户后，单击"关闭"按钮返回"计算机管理"窗口。

图 2.4　"新用户"对话框

表 2.1　关于密码选项的描述

选项	描述
密码	要求用户输入密码，系统用"●"显示
确认密码	要求用户再次输入密码以确认输入的密码是正确的
用户下次登录时须更改密码	要求用户下次登录时须修改该密码
用户不能更改密码	不允许用户修改密码，通常用于多个用户合用一个用户账户，如 Guest 账户等
密码永不过期	密码永久有效，通常用于 Windows Server 2016 的服务账户或应用程序所使用的用户账户
账户已禁用	禁用用户账户

2．设置用户账户的属性

用户账户不仅包括用户名和密码等信息，为了便于管理和使用，一个用户还包括其他属

图 2.5 "user1 属性"对话框

性，如用户隶属的用户组、用户配置文件、用户的拨入权限、终端用户设置等。选中"本地用户和组"，在右窗格中双击 user1 用户，打开"user1 属性"对话框，如图 2.5 所示。

1)"常规"选项卡

在"常规"选项卡中，可以设置与账户有关的一些描述信息，包括全名、描述、账户选项等。管理员可以设置密码选项或禁用账户，如果账户已经被系统锁定，管理员可以解除锁定。

2)"隶属于"选项卡

在"隶属于"选项卡中，可以设置将该账户加入其他的本地组中。为了便于管理，通常需要对用户组进行权限的分配与设置。用户属于哪个用户组，用户就具有该用户组的权限。新增的用户账户默认加入 Users 组，Users 组的用户一般不具备一些特殊权限，如安装应用程序、修改系统设置等。所以，如果要为某个用户分配一些权限，则可以将该用户加入其他用户组，也可以单击"删除"按钮将该用户从一个或几个用户组中删除。"隶属于"选项卡如图 2.6 所示。例如，将用户 user1 添加到管理员组的操作步骤如下。

单击图 2.6 中的"添加"按钮，在如图 2.7 所示的"选择组"对话框中直接输入组的名称，如管理员组的名称 Administrators、高级用户组的名称 Power Users。输入组的名称后，如果需要检查名称是否正确，则单击"检查名称"按钮，名称会变为 PUMA\Administrators。其中，"\"前面的部分表示本地计算机名称，后面的部分表示组的名称。如果输入了错误的组的名称，则在检查时，系统将提示找不到该名称。

图 2.6 "隶属于"选项卡

图 2.7 "选择组"对话框

如果不希望手动输入组的名称，则可以先单击"高级"按钮，再单击"立即查找"按钮，从列表中选择一个或多个组，如图 2.8 所示。

3）"配置文件"选项卡

在"配置文件"选项卡中，可以设置用户账户的配置文件路径、登录脚本和主文件夹路径。本地用户账户的配置文件都保存在本地磁盘的%userprofile%文件夹中。"配置文件"选项卡如图 2.9 所示。

图 2.8　查找可用的组　　　　　　　图 2.9　"配置文件"选项卡

用户配置文件是存储当前桌面环境、应用程序设置及个人数据的文件夹和数据的集合，还包括所有登录某台计算机所建立的网络连接。由于用户配置文件提供的桌面环境与用户最近一次登录该计算机所用的桌面相同，因此保持了用户桌面环境及其他设置的一致性。

当用户第一次登录某台计算机时，Windows Server 2016 自动创建一个用户配置文件并将其保存在该计算机上。

（1）用户配置文件。用户配置文件有以下几种类型。

① 默认用户配置文件。默认用户配置文件是所有用户配置文件的基础。当用户第一次登录一台运行 Windows Server 2016 的计算机时，Windows Server 2016 会将本地默认用户配置文件复制到%Systemdrive%\Documents and Settings\%Username%文件夹中，以作为初始的本地用户配置文件。

② 本地用户配置文件。本地用户配置文件保存在本地计算机上的%Systemdrive%\Documents and Settings\% Username%文件夹中，所有对桌面设置的改动都可以修改用户配置文件。多个不同的本地用户配置文件可以保存在一台计算机上。

③ 漫游用户配置文件。为了支持在多台计算机上工作的用户，可以设置漫游用户配置文件。漫游用户配置文件可以保存在某台网络服务器上，并且只能由系统管理员创建。用户无论从哪台计算机登录，均可获得该配置文件。当用户登录时，Windows Server 2016 会将漫游用户配置文件从网络服务器复制到该用户当前使用 Windows Server 2016 的计算机上。因此，用户总是能得到自己的桌面环境设置和网络连接设置。漫游用户配置文件只能在域环境下实现。

在第一次登录时，Windows Server 2016 将所有的文件都复制到本地计算机。此后，当用户再次登录时，Windows Server 2016 只需要比较本地存储的用户配置文件和漫游用户配置文件。这时，系统只复制用户最后一次登录并使用这台计算机时被修改的文件，因此缩短了登录时间。当用户注销时，Windows Server 2016 会把对漫游用户配置文件本地备份所做的修改复制到存储该漫游配置文件的服务器上。

关于漫游用户配置文件的创建过程，读者可参阅 Windows Server 2016 帮助文档。

④ 强制用户配置文件。强制用户配置文件是一个只读的用户配置文件。当用户注销时，Windows Server 2016 不保存用户在会话期内所做的任何改变。可以为需要同样桌面环境的多个用户定义一个强制用户配置文件。

在配置文件中，隐藏文件 Ntuser.dat 包含应用于单个用户账户的 Windows Server 2016 的部分系统设置和用户环境设置，管理员可以将其名称改为 Ntuser.man，从而把该文件变成只读型，即创建强制用户配置文件。

（2）用户主文件夹。

除了 My Documents 文件夹，Windows Server 2016 还为用户提供了用于存放个人文档的主文件夹。主文件夹既可以保存在客户机上，也可以保存在文件服务器的共享文件夹中。因为主文件夹不属于漫游用户配置文件的一部分，所以它的大小并不影响登录时网络的通信量。用户可以将所有的主文件夹都定位在某台网络服务器的中心位置上。

管理员在为用户实现主文件夹时应考虑以下因素：用户可以通过网络中任意一台联网的计算机访问其主文件夹。在实现对用户文件的集中备份和管理时，基于安全性考虑，应将用户主文件夹存放在 NTFS 卷中，可以利用 NTFS 卷的权限来保护用户文件（如果放在 FAT 卷中，则只能通过共享文件夹权限来限制用户对主目录的访问）。

（3）登录脚本。

登录脚本是希望用户在登录计算机时自动运行的脚本文件。脚本文件的扩展名可以是 VBS、BAT 或 CMD。

用户账户的其他选项卡（如"拨入"选项卡）将在后面进行介绍。

3．删除本地用户账户

当用户不再需要使用某个用户账户时，可以将其删除。删除用户账户会导致与该账户有关的所有信息的遗失，所以在删除之前，最好确认其必要性或考虑用其他的方法，如禁用该账户。许多企业为临时员工设置了 Windows 账户，当临时员工离开企业时，可以将账户禁用；当新来的临时员工需要使用该账户时，只需改名即可。

在"计算机管理"窗口中，先选中要删除的用户账户，然后选择"删除"命令，如图 2.10 所示，但是系统内置的账户（如 Administrator 账户、Guest 账户等）无法删除。

2.1.1 节提及，每个用户都有一个名称之外的唯一的安全标识符，安全标识符在新增账户时由系统自动生成，不同账户的安全标识符不同。由于系统在设置用户的权限、访问控制列表中的资源访问能力信息时，内部都使用安全标识符，因此一旦用户账户被删除，这些信息也会跟着消失。重新创建一个名称相同的用户账户，也不能获得原先用户账户的权限。删除用户账户时会打开如图 2.11 所示的"本地用户和组"对话框。

图 2.10 删除用户账户

图 2.11 "本地用户和组"对话框

2.2 任务 2 本地组的创建与配置

2.2.1 任务知识准备

组账户是计算机的基本安全组件,是用户账户的集合。虽然组账户不能用于登录计算机,但是可以用于组织用户账户。通过使用组,管理员可以同时向一组用户分配权限,故可简化对用户账户的管理。

组可以用于组织用户账户,让用户继承组的权限。需要注意的是,同一个用户账户可以同时作为多个组的成员,这样该用户的权限就是所有组权限的合并。Windows Server 2016 有多个内置组,在需要时,用户还可以创建新组。例如,可以创建一个比 Users 组有更多权限,但比 Powers Users 组有较少权限的组。为了使某个组的成员有更多或更少的权限,用户也可以定义组的权限和优先级。当重新定义组的权限时,这个组中的所有成员用户将自动更新以响应这些改变。

打开"计算机管理"窗口,展开"本地用户和组→组",可以查看本地内置的所有组账户,如图 2.12 所示。

图 2.12 本地内置的所有组账户

Windows Server 2016 内置组的权限如表 2.2 所示。

表 2.2　Windows Server 2016 内置组的权限

组	描述	默认用户权利
Administrators	该组的成员具有对服务器的完全控制权限，并且可以根据需要向用户指派用户权利和权限。默认成员有 Administrator 账户	从网络访问此计算机；允许本地登录；调整某个进程的内存配额；允许通过终端服务登录；备份文件和目录；更改系统时间；调试程序；从远程系统强制关机；加载和卸载设备驱动程序；管理审核和安全日志；调整系统性能；关闭系统；取得文件或其他对象的所有权
Backup Operators	该组的成员可以备份和还原服务器上的文件，而不考虑保护这些文件的安全设置。这是因为执行备份的权限，优先于所有文件的使用权限，但是不能更改文件的安全设置	从网络访问此计算机；允许本地登录；备份文件和目录；忽略遍历检查；还原文件和目录；关闭系统
Guests	该组的成员拥有一个在登录时创建的临时配置文件，在注销时，该配置文件将被删除。来宾账户（在默认情况下是禁用的）也是该组的默认成员	没有默认用户权利
Network Configuration Operators	该组的成员可以更改 TCP/IP 设置，并更新和发布 TCP/IP 地址。无默认成员	没有默认用户权利
Performance Log Users	该组的成员可以从本地服务器和远程客户端管理性能计数器、日志和警报，而不用成为 Administrators 组的成员	没有默认用户权利
Performance Monitor Users	该组的成员可以在本地服务器和远程客户端查看性能计数器，并不需要是 Administrators 组或 Performance Log Users 组的成员	没有默认用户权利
Power Users	该组的成员可以创建用户账户，并修改和删除所创建的账户。可以先创建本地组，然后在已创建的本地组中添加或删除用户，还可以在 Power Users 组、Users 组和 Guests 组中添加或删除用户。 该组的成员可以创建共享资源并管理所创建的共享资源。但是，不能取得文件的所有权、备份或还原目录、加载或卸载设备驱动程序，或者管理安全性及审核日志	从网络访问此计算机；允许本地登录；忽略遍历检查；更改系统时间；调整单一进程；关闭系统
Print Operators	该组的成员可以管理打印机及打印队列	没有默认用户权利
Remote Desktop Users	该组的成员可以远程登录服务器	允许通过终端服务登录
Users	该组的成员可以执行一些常见任务，如运行应用程序、使用本地打印机和网络打印机及锁定服务器等。用户不能共享目录或创建本地打印机。在本地创建的任何用户账户，都可以成为本组的成员	从网络访问此计算机；允许本地登录；忽略遍历检查

系统为这些本地组预先指派了权限，如 Administrators 组对计算机具有完全控制权，具有从网络访问此计算机，可以调整进程的内存配额，以及允许本地登录等。Backup Operators 组可以从网络访问此计算机，以及允许本地登录、备份文件和目录、还原文件和目录、关闭系统等。

2.2.2　任务实施

1．创建本地组

在通常情况下，系统默认的用户组已经能够满足需求，但是这些组常常无法满足特殊的安全性和灵活性的需求，所以管理员必须根据需求新增一些组。创建这些组之后，就可以像内置组一样，赋予其权限和增加组成员。

打开"计算机管理"窗口，展开"本地用户和组"，右击"组"，在弹出的快捷菜单中选择"新建组"命令，如图 2.13 所示。先在"新建组"对话框中输入组名和描述信息，如图 2.14 所示，然后单击"创建"按钮即可完成创建。在创建用户组的同时可以向组中添加用户，单击"添加"按钮，将显示"选择用户"对话框，如图 2.15 所示。Windows Server 2016 的本地组的成员可以是用户或其他组，只要在"输入对象名称来选择（示例）"文本框中输入成员名称或单击"高级"按钮选择用户即可。

图 2.13　选择"新建组"命令

图 2.14　输入组名和描述信息

2．删除、重命名本地组及修改本地组成员

当不需要计算机中的组时，管理员可以对组执行清除任务。每个组都拥有唯一的安全标识符，所以一旦删除了用户组，就不能恢复，即使新建一个与被删除组有相同名字和成员的组，也不会与被删除组有相同的特性和特权。先在"计算机管理"窗口中选中要删除的组账户，然后选择"删除"命令，如图 2.16 所示，在打开的对话框中选择"是"选项即可。

图 2.15　"选择用户"对话框

但是，管理员只能删除新增的组，不能删除系统的内置组。当管理员删除内置组时，系统将拒绝删除操作。若删除 Administrators 组，则显示如图 2.17 所示的错误信息。

重命名组的操作与删除组的操作类似，只需要在弹出的快捷菜单中选择"重命名"命令，并输入相应的名称即可。要修改本地组成员，只需要双击组名称，打开如图 2.18 所示的对话框。在该对话框中选择成员后单击"删除"按钮即可删除组成员。如果要添加组成员，则单击"添加"按钮，并选择相应的用户即可。

图 2.16 选择"删除"命令

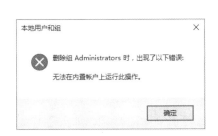

图 2.17 删除 Administrators 组时的错误信息

图 2.18 "mygroup 属性"对话框

2.3 任务 3 设置本地安全策略

2.3.1 任务知识准备

在 Windows Server 2016 中，为了确保计算机的安全，允许管理员对本地安全进行设置，从而达到提高系统安全性的目的。Windows Server 2016 对登录本地计算机的用户都定义了一些安全设置。所谓的本地计算机，是指用户登录执行 Windows Server 2016 的计算机，在没有 Active Directory 集中管理的情况下，本地管理员必须为计算机进行设置以确保其安全。例如，限制用户如何设置密码、通过账户策略设置账户安全性、通过锁定账户策略避免他人登录计算机、指派用户权限等。将这些安全设置分组管理，就组成了 Windows Server 2016 的本地安全策略。

系统管理员可以通过本地安全策略，确保执行 Windows Server 2016 计算机的安全。例如，判断账户的密码长度的最小值是否符合密码复杂性要求，管理员可以设置哪些用户允许登录本地计算机，以及从网络访问这台计算机的资源，进而控制用户对本地计算机资源和共享资源的访问。

2.3.2 任务实施

Windows Server 2016 在"管理工具"菜单中提供了"本地安全策略"窗口，可以集中管理本地计算机的安全设置原则。使用管理员账户登录本地计算机，即可打开"本地安全策略"窗口，如图 2.19 所示。

图 2.19 "本地安全策略"窗口

1. 密码安全设置

用户密码是保证计算机安全的第一道屏障，是计算机安全的基础。如果用户账户特别是管理员账户没有设置密码，或者设置的密码非常简单，那么计算机很容易被非授权用户登录，进而访问计算机资源或更改系统配置。目前，互联网上的攻击大多是因为设置的密码过于简单或根本没有设置密码。因此，应该设置合适的密码和密码设置策略，从而保证系统的安全。

Windows Server 2016 的密码策略主要包括以下 4 项：密码必须符合复杂性要求、密码长度最小值、密码最长使用期限和强制密码历史等。

1）密码必须符合复杂性要求

对于工作组环境的 Windows 操作系统，默认密码没有设置复杂性要求，用户可以使用空密码或简单密码，如"123"和"abc"等，这样黑客很容易通过一些扫描工具得到管理员的密码。但是对于域环境的 Windows Server 2016，默认启用了密码复杂性要求。要使本地计算机启用密码复杂性要求，只需要在"本地安全策略"窗口中展开"账户策略→密码策略"，双击右窗格中的"密码必须符合复杂性要求"，选中"已启用"单选按钮即可，如图 2.20 所示。

启用密码复杂性要求后，所有用户设置的密码都必须包含字母、数字和特殊符号等才符合要求。例如，密码"ab%&3D59"符合要求，而密码"kadfjks"不符合要求。

图 2.20　启用密码复杂性要求

2）密码长度最小值

默认密码长度的最小值为 0 个字符。在设置密码复杂性要求之前，系统允许用户不设置密码。但为了系统的安全，最好设置密码长度的最小值为 6 个字符或更多字符。如图 2.21 所示，设置密码长度的最小值为 8 个字符。

3）密码最长使用期限

默认密码的最长有效期为 42 天，用户账户的密码必须在 42 天之后修改，也就是说，密码在 42 天之后会过期。默认密码的最短有效期为 0 天，即用户账户的密码可以立即修改。与前面类似，可以修改默认密码的最长有效期和最短有效期。

4）强制密码历史

默认强制密码历史为 0 个。如果将"保留密码历史"设置为 3 个记住的密码，即系统会记住用户设置的最后 3 个密码，如果用户修改的密码是最后 3 个密码之一，那么系统将拒绝用户的要求，这样可以防止用户重复使用相同的字符来组成密码。强制密码历史的设置如图 2.22 所示。

图 2.21　设置密码长度的最小值

图 2.22　强制密码历史的设置

2．账户锁定策略

在默认情况下，Windows Server 2016 没有对账户锁定进行设定，此时对黑客的攻击没有任何限制。这样，黑客可以通过自动登录工具和密码猜解字典进行攻击，甚至可以进行暴力模式的攻击。因此，为了保证系统的安全，最好设置账户锁定。账户锁定策略包括账户锁定阈值、账户锁定时间和重置账户锁定计数器。

默认的账户锁定阈值为 0 次无效登录，可以设置为 5 次或更多次，以确保系统安全，如图 2.23 所示。

图 2.23　账户锁定阈值

如果将账户锁定阈值设置为 0 次，则不可以设置账户锁定时间。在修改账户锁定阈值后，可以将账户锁定时间设置为 30 分钟。就是在账户被系统锁定后，在 30 分钟之后会自动解锁。这个值的设置可以延迟尝试登录系统。如果将账户锁定时间设定为 0 分钟，则表示账户将被自动锁定，直到管理员解除锁定。

重置账户锁定计数器设定在登录尝试失败计数器被重置为 0（0 次失败登录尝试）之前，尝试登录失败之后所需的分钟数。重置时间的有效范围为 1～99 999 分钟。如果定义了账户锁定阈值，则该重置时间必须小于或等于账户锁定时间。

3．用户权限分配

Windows Server 2016 将计算机管理各项任务设定为默认的权限，如允许在本地登录系统、更改系统时间、从网络访问此计算机、关闭系统等。管理员在新增用户账户和组账户后，如果需要指派这些账户管理计算机的某项任务，就可以将这些账户加入内置组，但这种方式不够灵活。管理员可以单独为用户或组指派权限，这种方式提供了更好的灵活性。

用户权限的分配在"本地安全策略"窗口的"本地策略"下设置，如图 2.24 所示。下面列举几个例子来说明如何分配用户权限。

（1）从网络访问此计算机。从网络访问此计算机是指允许哪些用户及组可以通过网络连接到该计算机，如图 2.25 所示，默认为 Administrators 组、Backup Operators 组、Power Users 组、Users 组和 Everyone 组。因为 Everyone 组允许通过网络连接到此计算机，所以网络中的所有用户默认都可以访问这台计算机。从安全角度考虑，建议将 Everyone 组删除，这样网络中的用户连接到这台计算机时，就会提示输入用户名和密码，而不是直接连接并访问此计算机。

图 2.24 用户权限的分配　　　　　　　　图 2.25 设置从网络访问此计算机

与该设置相反的是拒绝从网络访问这台计算机，该安全设置决定哪些用户被明确禁止通过网络访问计算机。如果某用户账户同时符合此项设置和从网络访问此计算机，那么禁止访问优先于允许访问。

（2）允许本地登录。允许本地登录设置，决定哪些用户可以交互式地登录此计算机，默认为 Administrators 组、Backup Operators 组、Users 组，如图 2.26 所示。另一个安全设置是拒绝本地登录，默认用户或组为空。同样，如果某用户既属于允许在本地登录，又属于拒绝本地登录，那么该用户将无法在本地登录计算机。

（3）关闭系统。关闭系统设置，决定哪些本地登录计算机的用户可以关闭系统。默认能够关闭系统的是 Administrators 组、Backup Operators 组，如图 2.27 所示。

图 2.26 设置允许本地登录　　　　　　　　图 2.27 设置关闭系统

默认 Users 组的用户可以从本地登录计算机，在"关闭系统"列表中，虽然 Users 组的用户能从本地登录计算机，但是登录后无法关闭计算机。这样可以避免具有普通权限的用户误操作导致计算机关闭而影响关键业务系统的正常运行。例如，属于 Users 组的 User1 用户本地登录系统，当用户执行"开始→关机"命令时，只能使用"注销"功能，而不能使用"关机"功能和"重新启动"功能等，也不可以通过执行 shutdown.exe 命令关闭计算机。

在"用户权限分配"选项中，管理员还可以设置其他各种权限的分配。需要指出的是，这里讲的用户权限是指登录系统的用户有权在系统上完成某些操作。如果用户没有相应的权限，则执行这些操作的尝试是被禁止的。权限适用于整个系统，它不同于针对对象（如文件、文件夹等）的权限，后者只适用于具体的对象。

实训 2　用户和组的管理

一、实训目标

（1）熟悉 Windows Server 2016 的各种账户类型。
（2）熟悉 Windows Server 2016 的用户账户的创建和管理。
（3）熟悉 Windows Server 2016 的组账户的创建和管理。
（4）熟悉 Windows Server 2016 的安全策略的设置。

二、实训准备

（1）网络环境：已搭建好的 100Mbit/s 的以太网，包含交换机、超五类（或五类）UTP 直通线若干、两台或两台以上的计算机（具体数量可以根据学生人数安排）。
（2）计算机配置：CPU 为 Intel Pentium 4 以上版本，内存不小于 1GB，硬盘剩余空间不小于 60GB，并且已安装 Windows Server 2016，或者已安装 VMware Workstation 13 以上版本，同时硬盘中有 Windows Server 2016 的安装程序。

三、实训步骤

（1）在计算机上创建本地用户 User1、User2 和 User3。
（2）为用户创建密码策略：启用密码复杂性要求、最短密码长度为 8 个字符等。
（3）更改用户 User3 的密码。
（4）创建 MyGroup 组。
（5）将用户 User1、User2 和 User3 分别添加到 Administrators 组、Power Users 组和 MyGroup 组。
（6）设置 MyGroup 组具有关闭系统、本地登录等本地安全策略权限。
（7）测试用户 User3 的权限。

习　题　2

一、填空题

1. Windows Server 2016 分为 3 种类型，分别是_____、_____和_____。
2. Windows Server 2016 默认的内置账户是_____和_____。

3．Windows Server 2016 默认的内置账户可以_____和_____，但不能_____。

4．Windows Server 2016 默认内置组，该组的成员对本地计算机拥有的最高权限是_____。

5．Windows Server 2016 本地组可以包含用户和_____。

6．Windows Server 2016 用户配置文件包括_____、_____和_____这 3 种类型。

7．Windows Server 2016 账户策略包含_____和_____。

二、选择题

1．Windows 操作系统的复杂密码是（　　　）。

　　A．大小写字母的组合

　　B．数字和符号的组合

　　C．小写字母和数字的组合

　　D．由数字、大小写字母和非字母符号中的至少 3 种混合组成

2．Windows Server 2016 内置来宾用户账户默认（　　　）。

　　A．启用　　　　　　B．禁用　　　　　　C．暂停　　　　　　D．无设置

3．（多选）Windows Server 2016 本地组的成员可以是（　　　）。

　　A．计算机　　　　　B．用户　　　　　　C．本地组　　　　　D．输入/输出设备

4．Windows Server 2016 默认的密码策略是（　　　）。

　　A．简单密码　　　　B．无设置　　　　　C．复杂密码　　　　D．无密码

5．Windows Server 2016 默认 Users 组成员包含（　　　）。

　　A．所有创建的用户　　　　　　　　B．系统管理员

　　C．Everyone　　　　　　　　　　　D．无法确定

6．Windows Server 2016 中需要禁用指定的用户账户是在（　　　）选项卡设置的。

　　A．"常规"　　　　　B．"隶属于"　　　C．"配置文件"　　　D．"环境"

7．Windows Server 2016 在默认本地策略时，（　　　）的账户允许本地登录计算机。

　　A．User 组成员　　　　　　　　　　B．Administrator 组成员

　　C．Everyone 组成员　　　　　　　　D．Guest 组成员

8．（多选）Windows Server 2016 若为用户配置的主文件夹的位置在网络的服务器上，则此时用户的"我的文档"重定向到主文件夹，这样配置的好处是（　　　）。

　　A．方便统一管理备份文件

　　B．方便由不同计算机登录的用户访问自己的文档

　　C．所有用户都可以使用这些文件

　　D．用户不可以修改"我的文档"的文件

三、简答题

1．Windows Server 2016 用户账户的命名原则有哪些？

2．请通过一个具体的例子来说明在何种需求下创建本地组。

3．为什么系统管理员在执行非管理任务时应使用标准用户登录？此时若需要对服务器进行操作，将如何进入管理环境？

4．请使用具体的例子来说明配置本地策略会给系统安全带来的好处。

项目 3　域环境的架设及账户管理

【项目情景】

岭南信息技术有限公司是一家主要提供信息化建设和维护的网络技术服务公司,于 2013 年为某上市公司扩建了集团总部内部局域网,该网络覆盖了集团的 5 栋办公大楼,涉及 1000 多个信息点,还拥有各类服务器 20 余台。

由于各种网络设备和硬件设备分布在不同的办公大楼与楼层,网络的资源和权限管理非常复杂,出现的问题也非常多,管理员经常疲于处理各类日常网络问题。是否有办法减少管理员的工作量,实现用户账户、软件、网络的统一管理和控制呢?例如,能否实现在一台服务器上对所有的客户机的桌面或系统的更新升级进行统一部署呢?

【项目分析】

(1)在公司内部架设域环境,可以实现账户的集中管理,所有账户均存储在域控制器中,方便对账户进行安全策略的设置。

(2)在公司内部架设域环境,可以实现软件的集中管理,利用组策略分发软件,实现软件的统一部署。

(3)在公司内部架设域环境,可以实现环境的集中管理,并根据企业需求统一客户端桌面、IE 等设置。

(4)在公司内部架设域环境,可以实现对网络的配置、管理和监控。

【项目目标】

(1)理解域和 Active Directory 的含义。
(2)会架设域环境。
(3)会对域账户进行管理。
(4)会利用组策略实现对域中用户和计算机的集中管理与控制。

【项目任务】

任务 1　在企业中架设域环境
任务 2　域账户的管理
任务 3　组策略的管理

3.1　任务1　在企业中架设域环境

3.1.1　任务知识准备

1．工作组的限制

为计算机安装 Windows Server 2016 后，在默认情况下，该计算机属于 WORKGROUP 工作组。工作组是最简单的计算机组织形式。

工作组中的计算机没有统一的管理机制，每台计算机的管理员只能管理本地计算机，如对计算机的安全策略进行设置，以及对本地连接和共享进行管理等。

在账户管理方面，工作组也没有统一的身份验证机制，用户登录计算机后只能使用该计算机的本地账户，并由本地计算机对用户的身份进行验证，当对网络上的共享资源进行访问时，必须提供访问共享资源的凭据。因此，用户需要记住访问各台服务器的账户和密码。

工作组中的计算机没有统一的对网络资源进行查找的机制，如对网络中的共享打印机、用户账户信息及共享文件夹的查找。

由此可见，工作组的组织形式存在诸多限制，因此，这种形式仅适用于网络规模较小的应用。当企业规模不断增大，计算机数量不断增加时，需要有统一的管理机制，对用户账户、共享资源等进行统一的管理。此时，工作组的组织形式就不再适应。

2．Active Directory 概述

Active Directory（活动目录）是 Windows Server 2003 以后的操作系统所提供的一种新的目录服务。在 Windows Server 2016 中，Active Directory 有了一个新的名称，即 Active Directory Domain Service（ADDS）。名称的改变意味着 Microsoft 对 Windows Server 2016 的 Active Directory 进行了较大的调整，增加了强大的新特性。例如，新增加了只读域控制器（Read-Only Domain Controller，RODC）的域控制器类型、更新的 Active Directory 域服务安装向导、可重启的 Active Directory 域服务、快照查看及增强的 Ntdsutil 命令等，并且对原有特性进行了增强。

在了解 Active Directory 前，需要先明确域的概念。

域（Domain）是指将网络中的多台计算机在逻辑上组织到一起，并进行集中管理。这种区别于工作组的逻辑环境叫作域，域是组织和存储资源的核心管理单元。

Active Directory 由一个或多个域构成，一个域跨越不止一个物理地点。每个域都有其安全策略和本域与其他域之间的安全关系。当多个域通过信任关系连接起来并且拥有共同的模式、配置和全局目录时，它们就构成了一个域树。多个域树可以连接起来形成一个树林。

利用 Active Directory 可以对资源进行集中管理，实现便捷的网络资源访问，用户一次登录后就可以访问整个网络资源，这些网络资源主要包含用户账户、组、共享文件夹及打印机等。另外，Active Directory 具有可扩展性。

3．Active Directory 的物理结构

Active Directory 的物理结构和逻辑结构的区别很大，它们彼此独立且具有不同的概念。逻辑结构侧重于网络资源的管理，而物理结构则重于网络的配置和优化。Active Directory 的物理结构主要着眼于 Active Directory 信息的复制和用户登录网络时性能的优化。Active

Directory 的物理结构包括两个重要的概念，分别是域控制器和站点。

1）域控制器

域控制器是运行 Active Directory 的 Windows Server 2016 服务器。在域控制器上，Active Directory 存储了域范围内的所有的账户和策略信息，如系统的安全策略、用户身份验证数据和目录搜索。账户信息可以属于用户、服务和计算机账户。由于存在 Active Directory，域控制器不需要本地安全账户管理器（Security Account Manager，SAM）。在域中作为服务器的系统可以充当以下两种角色中的任何一种：域控制器或成员服务器。

（1）域控制器。

一个域可以有一台或多台域控制器。通常，单个局域网（LAN）的用户可能只需要一个域就能够满足要求。因为一个域比较简单，所以整个域也只需要一台域控制器。为了获得高可用性和较强的容错能力，具有多个网络位置的大型网络或组织可能在每个部分都需要一台或多台域控制器。这样的设计使大型组织的管理非常烦琐，而 Active Directory 支持域中所有域控制器之间目录数据的多宿主复制，因此降低了管理的复杂程度，提高了管理效率。

管理员可以更新域中任何域控制器上的 Active Directory。由于域控制器为域存储了所有用户账户的信息，因此管理员在一台域控制器上对域中的信息进行修改后，会自动传递到网络中其他的域控制器上。

（2）成员服务器。

成员服务器是运行 Windows Server 2016 的域成员服务器，由于不是域控制器，因此成员服务器不执行用户身份验证并且不存储安全策略信息，这样可以让成员服务器拥有更高的处理能力来处理网络中的其他服务。所以，在网络中，通常使用成员服务器作为专用的文件服务器、应用服务器、数据库服务器或 Web 服务器，专门用于为网络中的用户提供一种或多种服务。因为成员服务器将身份认证和服务分开，所以可以获得较高的效率。

2）站点

站点由一个或多个 IP 子网组成，这些子网通过高速网络设备进行连接。通常，子网之间的信息传输速度必须很快且稳定才符合站点的需求，否则，应该将它们分别划为不同的站点。站点往往由企业的物理位置分布情况来决定，可以根据站点结构配置 Active Directory 的访问和复制拓扑关系，从而使网络连接更有效、复制策略更合理、用户登录更快速。

Active Directory 中的站点和域是两个完全独立的概念，站点是物理分组，而域是逻辑分组。因此，一个站点可以有多个域，多个站点也可以位于同一个域中。

如果一个域的域控制器分布在不同的站点内，并且这些站点之间是低速连接，由于各台域控制器必须将自己内部的 Active Directory 数据复制到其他的域控制器上，因此必须小心地规划执行复制的时段，也就是尽量设定成在非高峰期执行复制工作，同时，复制的频率也不能太高，以避免复制占用两个站点之间的链接带宽，从而影响站点之间其他数据的传输速率。

对于同一个站点内的域控制器，由于是通过快速、稳定的网络进行连接的，因此在复制 Active Directory 数据时，可以有效、快速地复制。Active Directory 会设定让同一个站点内、隶属于同一个域的域控制器之间自动执行复制操作，并且其预设的复制频率也比不同站点之间的高。

为了避免占用两个站点之间的链接带宽，影响其他数据的传输效率，位于不同站点的域控制器在执行复制操作时，其所传送的数据会被压缩，而在同一个站点内的域控制器之间进行复制时，数据不会被压缩。

4．DNS 服务器在域环境中的作用

在企业中，可以在同一台服务器上部署 Active Directory 和 DNS，客户端计算机使用 DNS 服务就能非常方便地对域控制器进行定位。由于 DNS 是使用非常广泛的定位服务，因此在 Internet 上，甚至在许多规模较大的企业中，内部网络也使用 DNS 作为定位服务。

在 Active Directory 中，基本的单位是域，通过父域和子域的模式将域组织起来形成树，父域和子域之间是完全双向的信任关系，并且这种信任是可以传递的，其组织结构和 DNS 系统非常类似。在 Active Directory 中，命名策略基本按照 Internet 的标准实现，根据 DNS 和 LDAP 3.0 的标准，Active Directory 中的域和 DNS 系统中的域使用的是完全一样的命名方式，即 Active Directory 中的域名就是 DNS 的域名。因此，在 Active Directory 中，可以依赖 DNS 作为定位服务，实现将名称解析为 IP 地址。当使用 Windows Server 2016 构建 Active Directory 时，必须同时安装配置相应的 DNS 服务，无论用户实现 IP 地址解析还是登录验证，都可以利用 DNS 在 Active Directory 中的定位服务器。

5．Active Directory 与 DNS 的区别

Active Directory 与 DNS 的相似之处有很多，两者的主要区别如下。

（1）存储的对象不同。

DNS 和 Active Directory 存储的是不同的数据，因此，两者管理不同的对象。DNS 存储其区域和资源记录，Active Directory 存储域和域中的对象。

（2）解析所用的数据库不同。

DNS 是一种名称解析服务，通过 DNS 服务器接收请求、查询 DNS 数据库，从而把域或计算机解析为对应的 IP 地址。DNS 客户发送 DNS 名称查询到它们设定的 DNS 服务器，DNS 服务器接收请求后，可以通过本地 DNS 数据库或查询 Internet 上的 DNS 数据库解析名称。DNS 不需要 Active Directory 就可以发挥其功能。

Active Directory 则是一种目录服务，通过域控制器接收请求、查询 Active Directory 数据库，从而把域对象名称解析为对象记录。Active Directory 用户通过 LADP 协议向 Active Directory 服务器发送请求，为了定位 Active Directory 数据库，需要借助 DNS，也就是说，Active Directory 将 DNS 作为定位服务，将 Active Directory 服务器解析为 IP 地址，Active Directory 不能没有 DNS 的帮助。DNS 可以独立于 Active Directory，但是 Active Directory 必须有 DNS 的帮助才能发挥作用。为了保证 Active Directory 可以正常工作，DNS 服务器必须支持服务定位（Service Location，SRV）资源记录，资源记录把服务名称映射为提供服务的服务器名称。Active Directory 用户和域控制器使用 SRV 资源记录决定域控制器的 IP 地址。

3.1.2　任务实施

1．拓扑结构

在企业中实现域环境的拓扑结构如图 3.1 所示。

需要注意的是，如果使用虚拟机进行实验，那么域控制器和域成员在配置网卡时均设置为桥接模式。

域控制器、DNS服务器
主机名：PUMA
IP地址：192.168.2.7
操作系统：Windows Server 2016

域成员
主机名：client
IP地址：192.168.2.14
操作系统：Windows 7

图 3.1 在企业中实现域环境的拓扑结构

2．安装 Active Directory

在安装 Active Directory 前，必须对计算机的"本地连接"进行基本设置，具体方法如下：以管理员的身份登录 PUMA 计算机，其位置的静态 IP 地址为 192.168.2.7，子网掩码为 25.255.255.0，默认网关为 192.168.2.1，首选 DNS 服务器为 192.168.2.7，保证首选 DNS 服务器指向本机。

可以使用"服务器管理器"窗口中的选项安装 Active Directory，具体步骤如下。

（1）打开"服务器管理器→添加角色和功能"向导，如图 3.2 所示，打开"开始之前"对话框，单击"下一步"按钮，打开"选择安装类型"界面，选中"基于角色或基于功能的安装"单选按钮，单击"下一步"按钮，打开"选择目标服务器"界面，选中"从服务器池中选择服务器"单选按钮，单击"下一步"按钮。

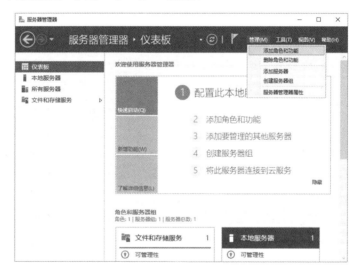

图 3.2 服务器管理器

（2）在"选择服务器角色"界面中勾选"Active Directory 域服务"复选框，单击"下一步"按钮，如图 3.3 所示。

在弹出的"添加角色和功能向导"对话框中单击"添加功能"按钮，如图 3.4 所示。返回"选择服务器角色"界面，单击"下一步"按钮。

打开"选择功能"对话框，保持默认设置，单击"下一步"按钮，直至打开"Active Directory 域服务"界面，继续单击"下一步"按钮，如图 3.5 所示。

图 3.3　勾选"Active Directory 域服务"复选框

图 3.4　"添加角色和功能向导"对话框

图 3.5　"Active Directory 域服务"界面

打开"确认安装所选内容"界面，如图 3.6 所示，单击"安装"按钮。

图 3.6 "确认安装所选内容"界面

开始安装，安装完成之后单击"将此服务器提升为域控制器"链接，如图 3.7 所示。

图 3.7 单击"将此服务器提升为域控制器"链接

（3）打开"Active Directory 域服务配置向导"窗口，在"部署配置"界面中选中"添加新林"单选按钮，将"根域名"设置为 lingnan.com，单击"下一步"按钮，如图 3.8 所示。

图 3.8 "部署配置"界面

（4）打开"域控制器选项"界面，如图 3.9 所示。设置"林功能级别"和"域功能级别"，下拉列表中有多个不同的功能级别，如 Windows Server 2008、Windows Server 2008 R2、Windows Server 2012、Windows Server 2012 R2 和 Windows Server 2016。考虑到网络中有安装低版本 Windows 操作系统的计算机，这里将"林功能级别"设置为 Windows Server 2012，"域功能级别"设置为 Windows Server 2012。

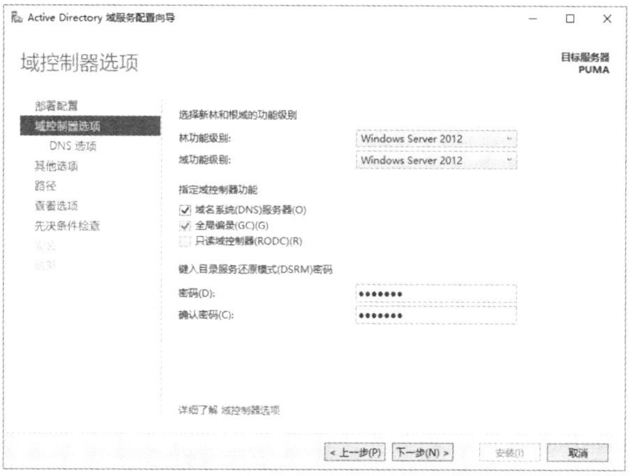

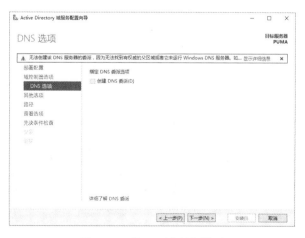

图 3.9　"域控制器选项"界面

注意：林和域的功能级别越高，其兼容性越差，但是能获得更多域的功能，因此，在进行设计时，应综合考虑兼容性和实用性。

指定域控制器功能，系统会检测是否有已安装好的 DNS 服务器，如果没有安装其他的 DNS 服务器，那么系统会自动勾选"域名系统（DNS）服务器"复选框，一并安装好 DNS 服务器，使该域控制器同时作为一台 DNS 服务器。该域的 DNS 区域及该区域的授权会自动创建。因为林中的第一台域控制器必须是全局编录服务器，并且不能是只读域控制器，所以"全局编录（GC）"和"只读域控制器（RODC）"为不可选状态，输入目录服务还原模式密码，指定的密码必须遵循应用于服务器的密码策略。

（5）单击"下一步"按钮，打开"DNS 选项"界面，保持默认设置，继续单击"下一步"按钮，如图 3.10 所示。

图 3.10　"DNS 选项"界面

（6）在"NetBIOS 域名"文本框中输入 LINGNAN，安装向导会自动识别，继续单击"下一步"按钮，如图 3.11 所示。

图 3.11 设置 NetBIOS 域名

（7）指定数据库、日志文件的存放位置。这里保持默认设置，必要时可以把它们分开放在不同的磁盘中，以提高它们的运行速度，继续单击"下一步"按钮，如图 3.12 所示。

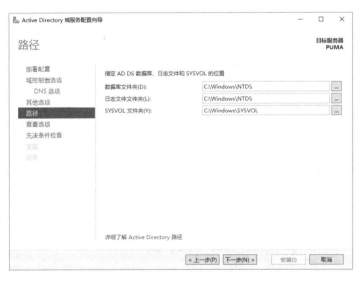

图 3.12 "路径"界面

打开"查看选项"界面，保持默认设置，单击"下一步"按钮，如图 3.13 所示。

打开"先决条件检查"界面，如图 3.14 所示。如果检查通过，则单击"安装"按钮；如果检查未通过，则根据提示查看原因。

服务器成功配置为域控制器，如图 3.15 所示，单击"关闭"按钮，重启计算机。

图 3.13 　"查看选项"界面

图 3.14 　"先决条件检查"界面

图 3.15 　"结果"界面

（8）登录域控制器。重新启动计算机后，该计算机将以域控制器的角色出现在网络中，登录界面如图 3.16 所示，输入密码后将登录域控制器，原来的本地用户账户现在都已经升级为域用户账户。

图 3.16　登录界面

（9）验证域控制器是否安装成功。选择"开始→所有程序→管理工具→DNS"命令，打开如图 3.17 所示的"DNS 管理器"窗口，可以看到该窗口中已经添加了信息，展开"正向查找区域"，可以看到和域控制器集成的正向查找区域的多个子目录，这意味着域控制器安装成功。

图 3.17　"DNS 管理器"窗口

选择"控制面板→系统和安全→系统"命令，计算机域为 lingnan.com，已经成功设置为域控制器，如图 3.18 所示。

图 3.18　查看设置

3．将客户机加入域环境

域控制器创建完成后，可以将其他计算机加入域，这里以操作系统为 Windows 7 的客户机为例进行说明，具体步骤如下。

1）设置客户机首选 DNS 服务器

选择"开始→控制面板→网络和 Internet"命令，打开如图 3.19 所示的窗口，单击"网络和共享中心"链接，在打开的对话框中单击"查看网络状态和任务"链接，单击"查看活动网络"选项组中的"本地连接"链接，打开如图 3.20 所示的对话框，进行 IP 地址的配置，其中，在"首选 DNS 服务器"后面的文本框中输入域控制器的 IP 地址 192.168.2.7。

图 3.19 "网络和 Internet"窗口

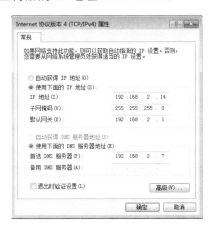

图 3.20 "Internet 协议版本 4（TCP/IPv4）
属性"对话框

2）将客户机加入域中

选择"开始→控制面板→系统和安全→系统"命令，在"查看有关计算机的基本信息"对话框中单击"计算机名称、域和工作组设置"选项组的"更改设置"链接，打开"系统属性"对话框，如图 3.21 所示，可以看到当前计算机已经加入 WORKGROUP 工作组中。

单击"更改"按钮，打开"计算机名/域更改"对话框，在"隶属于"选项组中选中"域"单选按钮，并在其文本框中输入需要加入的域名 lingnan.com，如图 3.22 所示。

图 3.21 "系统属性"对话框

图 3.22 "计算机名/域更改"对话框

单击"确定"按钮，打开"Windows 安全"对话框，在该对话框中可以指定将该计算机加入域的用户名和密码，如图 3.23 所示。

单击"确定"按钮，身份验证成功后会显示如图 3.24 所示的信息，表明该计算机已经加入域中。单击"确定"按钮，重新启动该计算机后就可以完成加入域的操作。

图 3.23　输入加入域的用户名和密码　　　　　图 3.24　欢迎加入域的信息

4．删除域控制器

在实际应用中，有时需要更改域控制器的角色，因此，必须删除域控制器，具体的操作步骤如下。

参考安装 Active Directory 的步骤，打开"服务器管理器"窗口，选择"管理→删除角色和功能"命令，打开"删除角色和功能向导"对话框，单击"下一步"按钮，直至显示"删除服务器角色"界面，取消勾选"Active Directory 域服务"复选框，在打开的"删除角色和功能向导"对话框中单击"删除功能"按钮，如果显示如图 3.25 所示的界面，则按提示单击"将此域控制器降级"链接，先对域控制器进行降级。

图 3.25　"删除角色和功能向导"对话框

运行"Active Directory 域服务配置向导"窗口，勾选"域中的最后一个域控制器"复选框，单击"下一步"按钮，勾选"继续删除"复选框，单击"下一步"按钮，勾选全部的复选框，如图 3.26 所示，单击"下一步"按钮，输入新密码，单击"降级"按钮，如图 3.27 所示。

执行完降级过程之后会自动重启计算机。重新登录计算机，打开"删除角色和功能向导"对话框，取消勾选"Active Directory 域服务"复选框，运行完毕即可删除域控制器，如图 3.28 所示。

图 3.26 "删除选项"界面

图 3.27 将此域控制器降级

图 3.28 "删除进度"界面

3.2 任务2 域账户的管理

3.2.1 任务知识准备

1. 域用户账户

Active Directory 用户账户和计算机账户代表物理实体，如人或计算机。用户账户也可用作某些应用程序的专用服务账户。用户账户和计算机账户及组也称为安全主体。安全主体是被自动指派了安全标识符的目录对象。用户账户或计算机账户在系统中可以用于以下几个方面。

1）验证用户或计算机的身份

用户账户使用户能够利用经域验证后的标识登录计算机和域。登录网络的每个用户应有自己唯一的账户和密码。在高安全等级的网络中，要避免多个用户共享同一个账户登录，确保每个账户都只有唯一的使用人。

2）授权或拒绝访问域资源

一旦用户已经过身份验证，则使用该账户登录的用户就可以根据指派给该用户的关于资源的显式权限，授予或拒绝该用户访问域资源。

3）管理其他安全主体

Active Directory 在本地域中创建外部安全主体对象，用于表示信任的外部域中的每个安全主体。

4）审核使用用户账户或计算机账户执行的操作

审核有助于监视账户的安全性，了解账户的网络行为。在 Windows Server 2016 中，不同的应用场合有不同类型的实体。下面介绍这些账户的特色，以及能完成的任务。

（1）Active Directory 用户账户。在 Active Directory 中，每个用户账户都有一个用户登录名、一个 Windows 2000 以前版本的用户登录名和一个用户主要名称后缀。在创建用户账户时，管理员输入登录名并选择用户主要名称。在 Active Directory 中，每个计算机账户都有一个相对可分辨名称、一个以前版本的计算机名（安全账户管理器的账户名）、一个主 DNS 后缀、DNS 主机名和服务主要名称。管理员在创建计算机账户时输入该计算机的名称，这台计算机的名称用作 LDAP 相对可分辨名称。Active Directory 中以前版本的名称使用相对可分辨名称的前 15 个字符，管理员可以随时更改以前版本的名称。主 DNS 后缀默认为该计算机所加入域的完整 DNS 名称。DNS 主机名由相对可分辨名称和主 DNS 后缀的前 15 个字符构成。例如，加入 hunau.local 域的计算机的 DNS 主机名及带有相对可分辨名称 CN= pumaclient 的计算机的 DNS 主机名是 pumaclient.hunau.local。

用户主要名称是由用户登录名、@和用户主要名称后缀组合而成的。但是，需要注意的是，不要在用户登录名或用户主要名称中加入@。因为 Active Directory 在创建用户主要名称时自动添加此符号，包含多个@的用户主要名称是无效的。用户主要名称的第二部分称为用户主要名称后缀，用于标识用户账户所在的域。这个用户主要名称既可以是 DNS 域名或树林中任何域的 DNS 名称，也可以是由管理员创建并只用于登录的备用名称。这个备用的用户主要名称后缀不需要是有效的 DNS 名称。

在 Active Directory 中，默认的用户主要名称后缀是域树中根域的 DNS 名称。在通常情况下，此名称可能是在 Internet 上注册为企业的域名的。本项目的例子并没有使用标准的域名，而是使用 hunau.local，但在实际应用中可以使用正式注册的域名，如 hunau.net。使用备用域名作为用户主要名称后缀可以提供附加的登录安全性，并简化用于登录树林中另一个域的名称。例如，某单位使用由部门和区域组成的深层域树，这样域名可能会很长。对于该域中的用户，默认的用户主要名称可能是 client.hunau.local，该域中用户默认的登录名可能是 user@client.hunau.local。创建主要名称后缀 hunau，让同一用户使用更简单的登录名 user@hunau.local 即可登录。

在"Active Directory 用户和计算机"窗口的 Users 容器中有 3 个内置的用户账户，分别为 Administrator、Guest 和 HelpAssistant。创建域时将自动创建这些内置的用户账户，每个内置账户均有不同的权利和权限组合。Administrator 账户对域具有最高等级的权利和权限，是内置的管理账户；Guest 账户只有极其有限的权利和权限。表 3.1 列举了 Windows Server 2016 的域控制器上的默认用户账户和特性。

表 3.1　Windows Server 2016 的域控制器上的默认用户账户和特性

默认用户账户	特性
Administrator 账户	Administrator 账户是使用"Active Directory 安装向导"设置新域时创建的第一个账户。该账户具有对域的完全控制权，可以为其他域用户指派用户权利和访问控制权限。该账户是系统的管理账户，具有最高权限，因此必须为其设置复杂密码。 Administrator 账户是 Active Directory 中 Administrators、Domain Admins 等几个默认组的默认成员。虽然无法从 Administrators 组中删除此账户，但是可以重命名或禁用此账户。当禁用 Administrator 账户时，仍然可用于在安全模式下访问域控制器
Guest 账户	Guest 账户是为该域中没有实际账户的人临时使用提供的内置账户，没有为其设置密码。尽管可以像设置任何用户账户一样设置来宾账户的权利和权限，但是在默认情况下，Guest 账户是被禁用的，因为它是内置 Guests 组和 Domain Guests 全局组的成员，允许用户登录域

（2）保护 Active Directory 用户账户。内置账户的权利和权限不是由网络管理员来修改或禁用的，但是恶意用户或程序可以通过使用 Administrator 账户或 Guest 账户的身份非法登录域，进而使用这些权利和权限。为了提高系统的安全性，最佳的安全操作是重命名或禁用这些内置账户。由于重命名的用户账户保留其安全标识符，因此也保留其他所有属性，如描述、密码、组成员身份、用户配置文件、账户信息，以及分配的任何权限和用户权利。为了获得用户身份验证和授权的安全性，可以使用"Active Directory 用户和计算机"命令为加入网络的每个用户创建单独的用户账户。同时，将每个用户账户（包括 Administrator 账户和 Guest 账户）添加到组中以控制指派给该账户的权利和权限。使用适合网络的账户和组，能够确保登录网络的用户可以被识别出来，并且该用户只能访问允许的资源。

通过使用复杂密码并实施账户锁定策略，有利于防御攻击者对域的攻击。使用复杂密码可以降低对密码的智能猜测及词典攻击的风险。账户锁定策略降低了攻击者通过重复的登录尝试来破坏域的可能性。因为账户锁定策略能够确定在禁用用户账户之前允许该用户进行失败登录尝试的次数。

（3）为 Active Directory 账户配置选项。每个 Active Directory 用户账户有多个账户选项，

根据这些选项能够确定如何在网上对持有特殊用户账户进行登录的人员实施身份验证。可以使用多个选项来精细控制用户的上网行为，表 3.2 列举了为用户账户配置的密码及其作用。

表 3.2　为用户账户配置的密码及其作用

密码选项	作用
用户下次登录时须更改密码	强制用户下次登录网络时更改密码。当希望该用户成为唯一知道密码的人时，使用该选项
用户不能更改密码	阻止用户更改密码。 若希望保留对用户账户（如临时账户）的控制权，则使用该选项
密码永不过期	防止用户密码过期。 建议"服务"账户应启用该选项，并且使用复杂密码
用可还原的加密来存储密码	允许用户从 Apple 计算机登录 Windows 网络。 如果用户不是从 Apple 计算机登录的，则不应使用该选项
账户已禁用	防止用户使用选定的账户登录。通常管理员可以将禁用的账户用作公用用户账户的模板
交互式登录必须使用智能卡	要求用户用智能卡来交互地登录网络。 用户必须具有连接到其计算机的智能卡读取器和智能卡的有效个人标识号。当选择该选项时，用户账户的密码将被自动设置为随机的且复杂的值，并设置"密码永不过期"选项
信任可用于委派的账户	允许在该账户下运行的服务代表网络中的其他用户账户执行操作。对于运行在受信任委派的用户账户下的服务，可以模拟客户端以获取运行该服务的计算机或其他计算机上的资源的访问权。 仅对具有已指派 SPN 的账户，才显示"委派"选项卡来配置委派设置
敏感账户不能被委派	允许对用户账户进行控制，如来宾账户或临时账户。 如果该账户不能被其他用户账户指派为委派，则可以使用该选项
此账户需要使用 DES 加密	提供对数据加密标准（Data Encryption Standard，DES）的支持。 DES 支持多级加密，包括 MPPE 标准（40 位）、MPPE 标准（56 位）、MPPE 强加密（128 位）、IPSec DES（40 位）、IPSec 56 位 DES 及 IPSec Triple DES（3DES）

　　（4）计算机账户。加入域中且运行 Windows 2000 或 Windows NT 的计算机均具有计算机账户。与用户账户类似，计算机账户提供了一种验证和审核计算机访问网络及域资源的方法。连接到网络上的每台计算机都应有唯一的计算机账户，也可以使用"Active Directory 用户和计算机"命令创建计算机账户。

2. 域用户组账户

　　组是用户账户、计算机账户、联系人及其他可作为单个单元管理的集合，属于特定组的用户和计算机称为组成员。使用组可以同时为多个账户指派一组公共的权利和权限，而不用单独为每个账户指派权利和权限，这样可以简化管理。组既可以基于目录创建，也可以在特定的计算机上创建。Active Directory 中的组是驻留在域和组织单位容器对象中的目录对象。Active Directory 在安装时提供了一系列默认的组，它也允许后期根据实际需要创建组。要灵活地控制域中的组和成员，可以通过管理员来管理。

　　对 Active Directory 中的组进行管理，可以实现如下功能。

　　（1）简化管理：为组而不是个别用户指派共享资源的权限。这样可以将相同的资源访问权限指派给该组的所有成员。

　　（2）委派管理：使用组策略为某个组指派一次用户权限，并向该组中添加需要拥有与该组相同权限的成员。组具有特定的作用域和类型，组的作用域决定了组在域树或林中的应用范围；组的类型决定了该组用于从共享资源指派权限（对于安全组），或者只能用作电子邮件通信组列表。这些组被称为特殊标识，用于根据环境在不同时间代表不同用户，如 Everyone 组代表当前所有网络用户，包括来自其他域的来宾和用户。

因为 Windows 提供的组管理功能非常强大，所以要管理好系统的用户账户，充分利用组功能是非常简捷的方法。了解下列组相关的基本概念对管理好系统是非常重要的。

（1）组作用域。组都有一个作用域，用来确定在域树或林中该组的应用范围。有 3 种组作用域，分别为通用组作用域、全局组作用域和本地域组作用域。

① 通用组的成员包括域树或林中任何域中的其他组和账户，并且可以在该域树或林中的任何域中指派权限。

② 全局组的成员包括只在其中定义该组域中的其他组和账户，并且可以在林中的任何域中指派权限。

③ 本地域组的成员包括 Windows Server 2016、Windows Server 2012、Windows Server 2008、Windows Server 2003、Windows 2000 或 Windows NT 域中的其他组和账户，并且只能在域中指派权限。不同组作用域的行为如表 3.3 所示。

表 3.3　不同组作用域的行为

通用组作用域	全局组作用域	本地域组作用域
通用组作用域的成员可以包括来自任何域的账户、全局组和通用组	Windows Server 2016 中全局组作用域的成员可以包括来自相同域的账户或全局组	本地域组作用域的成员可以包括来自任何域的账户、全局组或通用组，以及来自相同域的本地域组
组可以被添加到其他组，并且可以在任何域中指派权限	组可以被添加到其他组，并且可以在任何域中指派权限	组可以被添加到其他本地域组，并且仅在相同域中指派权限
组可以转换为本地域组作用域。只要组中没有其他通用组作为其成员，就可以转换为全局组作用域	只要组不是具有全局组作用域的任何其他组的成员，就可以转换为通用组作用域	只要组不把具有本地域组作用域的其他组作为其成员，就可以转换为通用组作用域

（2）何时使用具有本地域作用域的组。具有本地域作用域的组可以帮助管理员定义和管理对单个域内资源的访问。这些组可以将以下组或账户作为它的成员。

① 具有全局作用域的组。

② 具有通用作用域的组。

③ 账户。

④ 具有本地域作用域的其他组。

⑤ 上述任何组或账户的混合体。

例如，要使 5 个用户访问特定的打印机，可以在打印机权限列表中添加 5 个用户。如果管理员希望这 5 个用户都能访问新的打印机，则需要再次在新的打印机的权限列表中指定 5 个账户，但这种管理方式使管理员的工作非常烦琐。如果采用简单的规划，则可以通过创建具有本地域作用域的组并指派给其访问打印机的权限来简化常规的管理任务。将 5 个用户账户放在具有全局作用域的组中，并且将该组添加到有本地域作用域的组。当希望 5 个用户访问新的打印机时，可以将访问新的打印机的权限指派给有本地域作用域的组，具有全局作用域的组的成员自动接受对新的打印机的访问。

（3）何时使用具有全局作用域的组。可以使用具有全局作用域的组管理需要每天维护的目录对象，如用户账户和计算机账户。因为有全局作用域的组不在自身的域之外复制，所以具有全局作用域的组中的账户可以频繁更改，而不需要对全局编录进行复制，以免增加额外的通信量。虽然权利和权限只在指派它们的域内有效，但是通过在相应的域中统一应用具有全局作用域的组，可以合并对具有类似用途的账户的引用。这将简化不同域之间的管理，并使之更加合理。例如，在具有 Zhilan 域和 Fengze 域的网络中，如果 Zhilan 域中有一个称为 ZL 的具有全局作用域的组，Fengze 域中有一个称为 FZ 的组，则可以在指定复制到全局编录的域目录对象的权限时，使用全局组或通用组，而不是本地域组。

（4）何时使用具有通用作用域的组。使用具有通用作用域的组可以合并跨越不同域的组。因此，应将账户添加到具有全局作用域的组并且将这些组嵌套在具有通用作用域的组中。使用该策略，对具有全局作用域的组中的任何成员身份的更改都不影响具有通用作用域的组。

例如，在具有 Zhilan 域和 Fengze 域的网络中，每个域都有一个名为 Studentman 全局作用域的组，创建名为 Studentman 且具有通用作用域的组，可以将两个 Studentman 组（Zhilan\Studentman 和 Fengze\Studentman）作为它的成员，这样就可以在域的任何地方使用通用作用域 Studentman 组。对个别 Studentman 组的成员身份所做的任何更改都不会引起通用作用域 Studentman 组的复制。具有通用作用域的组成员身份不应频繁更改，因为对这些组成员身份的任何更改都会将整个组的成员身份复制到树林的每个全局编录中。

（5）组类型。组可以用于将用户账户、计算机账户和其他组账户收集到可管理的单元中。使用组而不是单独的用户可以简化网络的维护和管理。

Active Directory 中有两种组类型，分别为通信组和安全组。使用通信组可以创建电子邮件通信组列表，使用安全组可以为共享资源指派权限。Windows Server 2016 中有以下两种类型的组。

① 通信组。只有在电子邮件应用程序（如 Exchange）中，才能使用通信组将电子邮件发送给一组用户。如果需要使用组来控制对共享资源的访问，则需要创建安全组。

② 安全组。安全组提供了一种有效的方式来指派对网络上资源的访问权。使用安全组可以将用户权利指派到 Active Directory 中的安全组，并确定该组的哪些成员可以在处理域（或林）、作用域内工作。在安装 Active Directory 时，系统会自动将用户权利指派给某些安全组，以帮助管理员定义域中人员的管理角色。

可以使用组策略将用户权利指派给安全组来帮助委派特定任务。在委派任务时应谨慎处理，因为在安全组上指派太多权利的未经培训的用户有可能对网络产生重大损害。

（6）为安全组指派访问资源的权限。用户权利和权限要区分开，对共享资源的权限将指派给安全组。权限决定了可以访问该资源的用户及访问级别，如完全控制。系统将自动指派在域对象上设置的某些权限，以允许对默认安全组（如 Account Operators 组或 Domain Admins 组）进行多级别的访问。为资源（文件共享、打印机等）指派权限时，管理员应将权限指派给安全组而非个别用户。权限可一次分配给这个组，而不是多次分配给单独的用户。添加到组的每个账户将接受在 Active Directory 中指派给该组的权利，以及在资源上为该组定义的权限。

（7）默认组。默认组是系统在创建 Active Directory 域时自动创建的安全组。使用这些预定义的组可以方便管理员控制对共享资源的访问，并委派特定域范围的管理角色。许多默认组被自动指派一组用户权限，授权组中的成员执行域中的特定操作，如登录本地系统、备份文件或文件夹。例如，Backup Operators 组的成员有权对域中的所有域控制器执行备份操作，当管理员将用户添加到该组中时，用户将接受指派给该组的所有用户权限，以及指派给该组的共享资源的所有权限。关于 Windows Server 2016 内置组的权限请参考表 2.2。

3.2.2 任务实施

关于对域中的用户和组的基本操作与权限的指定是 Windows Server 2016 管理员必须掌握的日常工作技巧，因此，熟练掌握相关的概念和操作是非常必要的。

本任务以岭南信息技术有限公司的市场部、技术部和人力资源部为例展开介绍，其中，市场部又根据业务的对象不同划分为医院分部、学校分部和政府分部；技术部根据不同的技术类型划分为计算机技术分部、网络技术分部和电子技术分部；人力资源部则以性别为标准划分为两个安全组，分别是男性分组和女性分组。

1．组账户的创建

Windows Server 2016 中的组可以包含用户、联系人、计算机和其他组的 Active Directory 或本机对象。通过使用组可以管理用户和计算机对 Active Directory 对象及其属性、网络共享位置、文件、目录、打印机列队等共享资源的访问，也可以进行筛选器组策略设置，以及创建电子邮件通信组等。

（1）选择"开始→所有程序→管理工具→Active Directory 用户和计算机"命令。

（2）展开 lingnan.com。

（3）在图 3.29 的左窗格中，右击 lingnan.com，选择"新建→组织单位"命令。

图 3.29　添加组织单位

（4）在"名称"文本框中输入 market（市场部），默认已经勾选"防止容器被意外删除"复选框，单击"确定"按钮。

（5）重复步骤（3）和（4），创建 technology（技术部）和 HR（人力资源部）组织单位。

（6）在图 3.30 的左窗格中选中 market，此时将在右窗格中显示其内容（此过程开始时，它是空的）。

（7）右击 market，选择"新建→组织单位"命令。

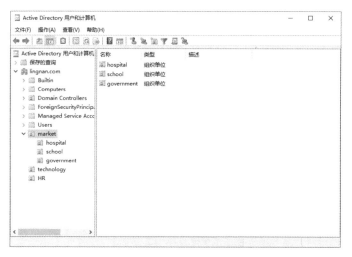

图 3.30　组织单位的结构

（8）在"名称"文本框中输入 hospital（医院），单击"确定"按钮。

（9）重复步骤（7）和（8），在 market 下创建 school（学校）和 government（政府）组织单位。创建完成后，组织单位的结构如图 3.30 所示。

（10）使用同样的方法在 technology 下创建 computer（计算机）、network（网络）和 electronic（电子）组织单位。

（11）右击 HR，选择"新建→组"命令，创建两个安全组。要添加的两个组是 male（男性）和 female（女性）。每个组的设置应该是"全局"和"安全"。单击"确定"按钮创建组。完成所有步骤后，最终的组织单位的结构如图 3.31 所示。

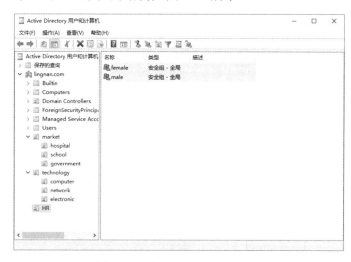

图 3.31　最终的组织单位的结构

2．用户账户的创建

下面创建用户账户，以在市场部的医院分部中创建用户为例展开介绍。

（1）右击 hospital，选择"新建→用户"命令。

（2）输入 zhang 作为"姓"，输入 san 作为"名"（需要注意的是，在"姓名"文本框中将自动显示全名），如图 3.32 所示。

（3）输入 zhangsan 作为"用户登录名"，如图 3.32 所示。

（4）单击"下一步"按钮，在"密码"和"确认密码"文本框中输入 zs2013%?，取消勾选"用户下次登录时须更改密码"复选框，勾选"密码永不过期"复选框，如图 3.33 所示，单击"下一步"按钮。

图 3.32　添加用户

图 3.33　设置密码

注意： 此处的密码根据默认的安全策略必须包括字母、数字和符号，否则将无法正常配置。在默认情况下，Windows Server 2016 要求所有新创建的用户使用复杂密码，可以通过组策略禁用密码复杂性要求。

（5）单击"完成"按钮，显示如图 3.34 所示的界面，显示用户 zhangsan 创建成功。

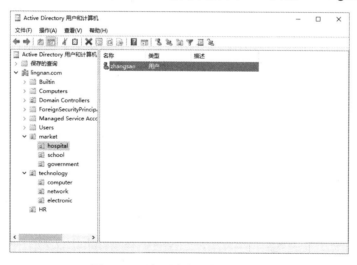

图 3.34　添加用户之后的组织结构

（6）重复步骤（2）～（5），为 school 和 government 添加多个不同的账户。

将用户添加到安全组中的操作步骤如下。

（1）在图 3.31 的左窗格中，选中 HR。

（2）在图 3.31 的右窗格中，双击 male。

（3）切换至"成员"选项卡，单击"添加"按钮。

（4）先单击"高级"按钮，然后单击"立即查找"按钮。

（5）按住 Ctrl 键并单击用户名，选择所有相应的用户。在突出显示所有成员后，单击"确定"按钮，将需要加入的成员添加到 male 安全组中，如图 3.35 所示。单击"确定"按钮关闭"male 属性"对话框。

（6）重复步骤（2）～（5），为 female 安全组添加成员。

（7）关闭"Active Directory 用户和计算机"窗口。至此，完成计算机的组织单位和用户的添加。

图 3.35 为 male 安全组添加成员

3.3 任务 3 组策略的管理

3.3.1 任务知识准备

组策略是一种管理用户工作环境的技术。利用组策略既可以确保用户拥有所需的工作环境，也可以限制用户，从而减轻管理员的工作负担。

1．组策略的功能

组策略的功能主要包括以下 8 个方面。

（1）账户策略的设定：例如，设定用户密码的长度、使用期限及账户锁定策略等。

（2）本地策略的设定：例如，审核策略的设定、用户权限的指派、安全性的设定。

（3）脚本的设定：例如，登录/注销、启动/关闭脚本的设定。

（4）用户工作环境的设定：例如，隐藏用户桌面上的所有图标，删除"开始"菜单中的"运行"等命令。

（5）软件的安装和删除：设置用户登录或计算机启动时，自动为用户安装应用软件、自动修复应用软件或自动删除应用软件。

（6）软件的限制运行：制定策略限制域用户只能运行某些软件。

（7）文件夹的转移：例如，改变"我的文档""开始菜单"等文件夹的存储位置。

（8）其他系统的设定：例如，让所有计算机都自动信任指定的 CA（Certificate Authority，证书授权中心）。

在上述组策略的功能中，软件的安装、删除和限制运行在企业中的应用非常广泛，有利于企业的集中化管理并强制执行企业策略，在后续的任务中将具体举例说明。

组策略所作用的对象可以是站点、域或组织单位。组策略中包括计算机配置和用户配置两部分，后续的"组策略的应用时机"部分会使用这两个概念。

计算机配置是指当计算机启动时，系统会根据计算机配置的内容来配置计算机的工作环境。例如，如果对域 lingnan.com 配置了组策略，那么此组策略内的计算机配置就会被应用到该域内的所有计算机。

用户配置是指当用户登录时，系统会根据用户配置的内容来配置用户的工作环境。例如，如果对 market 组织单位设定了组策略，那么此组策略内的用户配置就会被应用到该组织单位内的所有用户。

此外，也可以针对每台计算机配置本地计算机策略，这种策略只会应用到本地计算机及在本地计算机登录的所有用户。

2. 组策略对象

组策略是通过组策略对象（Group Policy Object，GPO）进行设定的。只要将 GPO 链接到指定的站点、域或组织单位，该 GPO 的设定值就会影响到该站点、域或组织单位内的所有计算机和用户。

1）内建的 GPO

系统已有两个内建的 GPO，如表 3.4 所示。

表 3.4　内建的 GPO

内建的 GPO 的名称	作用
Default Domain Policy	此 GPO 已经被链接到域，因此，它的设定值会被应用到整个域内的所有计算机和用户
Default Domain Controllers Policy	此 GPO 已经被链接到域控制器组织单位，因此它的设定值会被应用到域控制器组织单位内的所有计算机和用户。在域控制器组织单位内，系统默认的只有扮演域控制器的计算机账户

在 Windows Server 2016 中，选择"开始→管理工具→组策略管理"命令，可以在打开的"组策略管理"窗口中进行组策略管理，如图 3.36 所示。

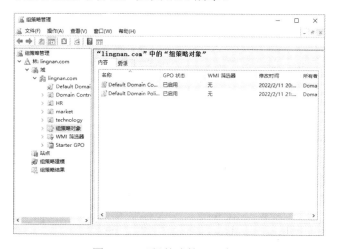

图 3.36　"组策略管理"窗口

可以通过选择"开始→管理工具→组策略管理→组策略对象→Default Domain Controllers"命令的方法来验证 Default Domain Controllers Policy 是否已经被链接到 Domain Controllers，如图 3.37 所示。

也可以通过选择"开始→管理工具→组策略管理→组策略对象→Default Domain"命令的方法来验证 Default Domain Policy 是否被链接到整个域。

提醒： 在未彻底了解组策略以前，请读者暂时不要随意更改 Default Domain Policy 和 Default Domain Controllers Policy 的 GPO 设置，以免引起系统的不正常运行。

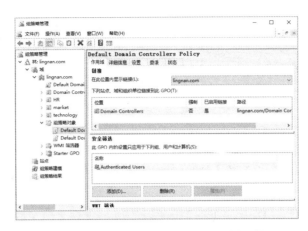

图 3.37 验证 Default Domain Controllers Policy 是否已经被链接到 Domain Controllers

2）GPO 的内容

GPO 的内容分为 GPC 和 GPT 两个部分，并且分别存储在不同的位置。其中，GPC 被存储在 Active Directory 数据库内，记载此 GPO 的属性和版本等数据信息。域控制器可以利用这些版本信息来判断所安装的 GPO 是否为最新版本，以便作为是否需要从其他域控制器复制最小 GPO 的依据。GPT 是一个文件夹，用来存储 GPO 的配置值和相关文件，建立在域控制器的%systemroot%\SYSVOL\sysvol\域名称\Policies 文件夹内。系统利用 GPO 的 GUID 作为 GPT 的文件夹名称。

3．组策略的应用时机

当对站点、域或组织单位的 GPO 的配置值进行修改之后，这些配置值并不会马上对站点、域或组织单位内的用户和计算机生效，而是必须等它们被应用到用户或计算机后才能生效。因此，需要了解 GPO 的配置值何时会应用到用户和计算机上，实际上，这需要根据是计算机配置还是用户配置而定。

1）计算机配置的应用时机

域内的计算机会在以下几种情况下应用 GPO 内的计算机配置。

（1）在计算机开机时自动启用。

（2）即使计算机不重启开机，系统仍然会每隔一段时间自动启用。

（3）手动启用。选择"开始→运行"命令，在打开的对话框中输入以下命令：

```
gpupdate /target:computer /force
```

输入完成后，先选择"开始→管理工具→事件查看器→Windows 日志→应用程序"命令，然后双击图 3.38 中"来源"为 SceCli 的事件，检查是否已经成功启用组策略。

2）用户配置的应用时机

域内的用户会在以下几种情况下应用 GPO 内的用户配置。

（1）在用户登录时自动启用。

（2）在用户未注销、登录的情况下，系统默认每隔 90～120 分钟自动启用，而且不论策略的配置值是否有变化，系统仍然会每隔 16 小时自动启用一次。

（3）手动启动。选择"开始→运行"命令，在打开的对话框中输入以下命令：

```
gpupdate /target:user /force
```

图 3.38　检查是否已经成功启用组策略

检查是否已经成功启用组策略的方法和计算机配置的方法相同。

实际上，在应用中大多使用 gpupdate /force 命令强制执行，该命令包含上述两种情况。

3.3.2　任务实施

本任务使用的拓扑结构与本项目中任务 1 的拓扑结构一致，如图 3.1 所示，其中，客户端的操作系统为 Windows XP 或 Windows 7，在下述两个实验中，分别使用两种不同的客户端操作系统进行说明。

1．利用组策略使客户端设置统一的桌面墙纸

本任务的目的是利用组策略对岭南信息技术有限公司的市场部的医院分部的所有用户进行设置（已经建立用户 zhangsan，如图 3.34 所示），使所有用户均设置成相同的桌面墙纸，具体步骤如下。

1）打开"组策略管理"窗口，添加新的组策略

选择"开始→管理工具→组策略管理→market→hospital"命令，右击 hospital，在弹出的快捷菜单中选择"在这个域中创建 GPO 并在此处链接"命令，如图 3.39 所示，在打开的"新建 GPO"对话框的"名称"文本框中输入"使用相同桌面"，如图 3.40 所示，由此新建一条组策略。

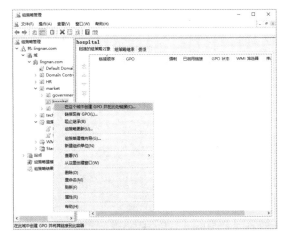

图 3.39　创建 GPO 并进行链接

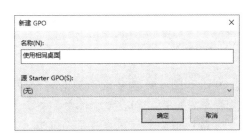

图 3.40　"新建 GPO"对话框

2）编辑组策略

右击"使用相同桌面"，在弹出的快捷菜单中选择"编辑"命令，打开"组策略管理编辑器"窗口，展开"用户配置→策略→管理模板→桌面→桌面"，如图 3.41 所示。

图 3.41　"组策略管理编辑器"窗口

双击如图 3.41 所示的窗口的右窗格中的"启用 Active Desktop"，打开"启用 Active Desktop"窗口，选中"已启用"单选按钮，如图 3.42 所示，单击"确定"按钮，完成"启用 Active Desktop"的设置。

双击如图 3.41 所示的窗口的右窗格中的"不允许更改"，打开"不允许更改"窗口，同样选中"已启用"单选按钮，如图 3.43 所示，单击"确定"按钮，完成"不允许更改"的设置。

图 3.42　"启用 Active Desktop"窗口

图 3.43　"不允许更改"窗口

双击如图 3.41 所示的窗口的右窗格中的"桌面墙纸"，打开"桌面墙纸"窗口，选中"已启用"单选按钮，并设置"墙纸名称"和"墙纸样式"，如图 3.44 所示。

注意：图片必须已经设置为共享，并且能被客户端计算机访问，这里以默认文件夹中的 peace.jpg 图片为例，假设所有客户端使用 peace.jpg 图片作为桌面，将"墙纸样式"设置为"居中"。

3）启用组策略

选择"开始→运行"命令，在弹出的对话框中输入以下命令手动启用组策略：

gpupdate /target:user /force 或 gpupdate /force

注意： 为了保证组策略能正确地应用到客户端，有时需要多次运行该命令。

4）客户端验证

在客户端计算机上（Windows XP）以市场部的 zhangsan 账户登录，可以发现桌面已经变为 peace.jpg 图片样式，在桌面上右击，选择"属性"命令，在弹出的"显示 属性"对话框中选择背景，此时，所有背景均为灰色，用户无法更改，如图 3.45 所示。

图 3.44 "桌面墙纸"窗口   图 3.45 "显示 属性"对话框

2．利用组策略部署和分发 Office 软件

本任务的目的是，利用组策略为岭南信息技术有限公司的市场部的医院分部的所有用户分发 Office 软件。需要注意的是，组策略的软件分发功能只支持扩展名为.msi 的程序，扩展名为.exe 的程序需要先利用工具转换成扩展名为.msi 的程序，具体步骤如下。

1）需要分发软件的设置

在域控制器上新建一个名称为 soft 的共享文件夹，用于存放需要分发的软件，右击该文件夹，在弹出的快捷菜单中选择"属性"命令，打开"soft 属性"对话框，切换至"共享"选项卡，单击"高级共享"按钮，打开"高级共享"对话框，如图 3.46 所示。单击"权限"按钮，添加 Domain Users 用户，并将其权限设置为"完全控制"，如图 3.47 所示，增加该用户的目的是让域内的所有用户拥有读取该软件的权限。

2）编辑组策略

选择"开始→管理工具→组策略管理→market→hospital"命令，右击 hospital，在弹出的快捷菜单中选择"在这个域中创建 GPO 并在此处链接"命令，打开"新建 GPO"对话框，在"名称"文本框中输入"office 软件分发"，如图 3.48 所示，由此新建一条组策略。

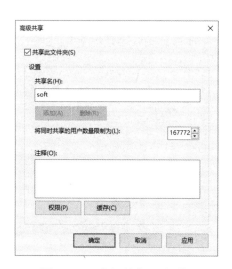

图 3.46 "高级共享"对话框

图 3.47 添加 Domain Users 用户

图 3.48 "新建 GPO"对话框

右击"office 软件分发",在弹出的快捷菜单中选择"编辑"命令,打开"组策略管理编辑器"窗口,展开"用户配置→策略→软件设置→软件安装",右击"软件安装",在弹出的快捷菜单中选择"新建→数据包"命令,如图 3.49 所示。

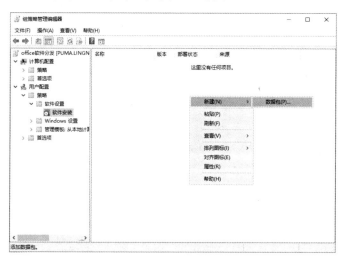

图 3.49 选择"新建→数据包"命令

在"打开"对话框中，通过单击"网络"链接选择 soft 共享文件夹中的 PRO11.msi 文件（需要注意的是，一定是网络路径，不能是本地路径），如图 3.50 所示。

图 3.50　选择共享文件

单击"打开"按钮，打开"部署软件"对话框，选中"已分配"单选按钮，单击"确定"按钮，完成组策略的设置，完成后的"组策略管理编辑器"窗口如图 3.51 所示。

图 3.51　完成后的"组策略管理编辑器"窗口

注意 1：计算机配置和用户配置中的"软件安装"选项均可以用于域内的软件部署。如果将软件部署给域中的计算机，则在计算机配置中定义；如果将软件部署给域中的用户，则在用户配置中定义。一般根据实际情况进行选择。

注意 2：Windows Installer 提供了发布和分配两种软件部署方式。发布方式不自动为域中的用户安装软件，而是把安装选项放到客户机的"添加或删除程序"链接中，用户在需要的时候可以自主选择安装；分配方式则直接把软件安装到域用户的"开始"菜单中。发布方式一般用于为用户提供各种软件工具，由用户按需选择安装或不安装；分配方式可用于软件的强制安装，用户无权自行卸载软件。本任务使用分配方式。

3）启用组策略

选择"开始→运行"命令，在打开的对话框中输入以下命令：

gpupdate /target:user /force 或 gpupdate /force 命令手动启用组策略

注意：为了保证组策略能正确地应用到客户端，有时候需要多次运行该命令。

4）客户端验证

在客户端计算机上（Windows 7）以市场部的 zhangsan 账户登录，选择"开始→所有程序"命令，显示如图 3.52 所示的界面，表明 Office 软件已经分发到客户端。

图 3.52 验证软件是否分发成功

实训 3 安装和管理 Windows Server 2016 的 Active Directory

一、实训目标

（1）掌握利用 Windows Server 2016 架设域环境的方法。

（2）掌握 Windows Server 2016 域环境中账户的管理方法。

（3）掌握 Windows Server 2016 域环境中组策略的设置和使用。

二、实训准备

（1）网络环境：已搭建好的 100Mbit/s 的以太网，包含交换机、超五类（或五类）UTP 直通线若干、两台或两台以上的计算机（具体数量可以根据学生人数安排）。

（2）服务器端计算机配置：CPU 为 Intel Pentium 4 以上版本，内存不小于 1GB，硬盘剩余空间不小于 20GB，并且已安装 Windows Server 2016，或者已安装 VMware Workstation 13 以上版本，同时硬盘中有 Windows Server 2016、Windows XP 和 Windows 7 的安装程序。

（3）客户端计算机配置：CPU 为 Intel Pentium 4 以上版本，内存不小于 1GB，硬盘剩余空间不小于 20GB，并且已安装 Windows XP 或 Windows 7，或者已安装 VMware Workstation 13 以上版本，同时硬盘中有 Windows XP 和 Windows 7 的安装程序。

三、实训步骤

局域网中包括一台域控制器和若干客户机，分别在域控制器和客户机上按照如下步骤进行配置。

约定域控制器的名称为 server，客户机的名称为 client。

（1）为 server 服务器安装 DNS 服务，并安装目录服务，配置的 IP 地址为 192.168.1.1，域名为 lingnan.com。

（2）为 client 客户机配置的 IP 地址为 192.168.1.2，并配置首选 DNS 服务器为 192.168.1.1，使该客户机加入域。

（3）在 server 服务器上创建用户和用户组（先创建 Student 组和 Studentman 组，然后创建 Student1 域用户账户和 Student2 域用户账户，并将这两个用户加入 Student 组中。在 Studentman 组中创建 Stuman1 域用户账户和 Stuman2 域用户账户）。

（4）分别为 Student 组和 Studentman 组赋予权限，测试 Student1 域用户账户和 Stuman2 域用户账户是否具有相应的权限。

（5）在 server 服务器上设置组策略，使 Student 组的所有用户不能修改 IP 地址，并使用相同的桌面墙纸。

（6）在 Student 组的客户机上验证上述组策略的设置是否成功。

（7）在 server 服务器上设置组策略，使 Studentman 组的所有用户每天 12:00 下载系统补丁。

（8）在 Studentman 组的客户机上验证上述组策略的设置是否成功。

习 题 3

一、填空题

1. 在 Windows Server 2016 中安装 Active Directory 的命令是_____。

2. Windows Server 2016 中 Active Directory 的物理结构包括_____和_____两部分。

3. Windows Server 2016 中 Active Directory 有一个新的名称，它是_____。

4. 每个组都有一个作用域，用来确定在域树或林中该组的应用范围，Windows Server 2016 中有 3 种组作用域，分别是_____、_____和_____。

5. 在进行组策略配置时，该组策略何时会应用到用户和计算机上，应该根据_____和_____而定。

二、选择题

1. 使用（   ）命令可以手动启动计算机配置的组策略。

    A．gpupdate /target:user /force   B．net start gpupdate

    C．gpupdate /target:computer /force   D．net stop gpupdate

2. Active Directory 和（   ）服务的关系密不可分，可以使用该服务器来定位各种资源。

    A．DHCP   B．FTP   C．DNS   D．HTTP

3. Active Directory 安装完成后，管理工具中没有增加（   ）。

A．Active Directory 用户和计算机

B．Active Directory 站点和服务

C．Active Directory 管理

D．Active Directory 域和信任关系

三、简答题

1．什么是 Windows 的 Active Directory？它有什么特点？

2．什么是域控制器？什么是成员服务器？它们之间有什么区别？

3．Active Directory 和 DNS 有什么关系？

4．什么是组？Windows Server 2016 中有哪几种类型的组？

5．组策略的功能是什么？如果想使域中所有的计算机都对某软件进行升级操作，那么应该如何实现？

项目4　文件系统管理及资源共享

【项目情景】

岭南信息技术有限公司的业务不断拓展，规模不断扩大，公司员工人数激增，由于公司并未架设专用的文件服务器，因此管理各种信息数据非常不方便。有时候员工之间采用相互共享文件夹的方式共享数据，但是如果文件访问权限设置不当，就极易出现文件误删除等问题。那么，有没有更好的方法来对这些数据进行管理呢？在工作过程中，当共享文件进行更新后，如何让员工同步获得更新后的文件呢？共享资源更新后，是否有办法找回以前共享的原始文件，或者找回被意外删除的共享文件呢？公司规模扩大后，共享文件存储在多台服务器上，应该如何对这些共享资源进行管理呢？

【项目分析】

（1）Windows Server 2016 的 NTFS 可以提供相当多的数据管理功能，如权限的设置、文件系统的压缩和加密等。

（2）架设文件服务器可以实现资源共享，为了保证共享资源的安全性，需要根据公司员工所在岗位的特点给予不同的权限设置。

（3）共享文件经常需要更新，公司员工可以通过设置脱机文件夹来获取更新后的共享文件。

（4）Windows Server 2016 拥有的卷影副本服务可以帮助公司员工获得共享资源中的原始文件，或者被临时修改或意外删除的文件。

（5）当公司规模扩大后，如果需要在物理位置不同的地点配置资源共享服务器，为了方便管理，可以利用 Windows Server 2016 的分布式文件系统（Distributed File System，DFS）将不同服务器上的共享文件组织成目录树，以方便管理和使用。

【项目目标】

（1）熟悉 NTFS 管理数据的功能。

（2）理解共享文件夹、脱机文件夹、卷影副本和 NFS 的概念。

（3）学会对共享文件夹进行添加和管理。

（4）学会脱机文件夹、卷影副本的服务器端和客户端的配置方法。

（5）学会 DFS 的创建及访问。

【项目任务】

任务 1　利用 NTFS 管理数据

任务 2　共享文件夹的添加和管理

4.1　任务 1　利用 NTFS 管理数据

4.1.1　任务知识准备

任何操作系统最显而易见的部分就是文件系统，Windows Server 2016 提供了强大的文件管理功能，用户可以十分方便地在计算机或网络上处理、使用、组织、共享和保护文件及文件夹。与 Windows Server 2003 不同，Windows Server 2016 的计算机磁盘分区，只能使用 NTFS。

1. NTFS

NTFS（New Technology File System）是 Windows Server 2016 推荐使用的高性能文件系统，支持许多新的文件安全、存储和容错功能，而这些功能正是 FAT 和 FAT32 文件系统所欠缺的。

NTFS 是从 Windows NT 开始使用的文件系统，是特别为网络和磁盘配额、文件加密等管理安全特性设计的磁盘格式。NTFS 的设计目标是在很大的硬盘上能够被很快地执行，如读/写和搜索标准文件的操作，甚至包括文件系统恢复这样的高级操作。

NTFS 包括公司环境中文件服务器和高端个人计算机所需的安全特性。NTFS 还支持对关键数据完整性十分重要的数据访问控制和私有权限。除可以赋予 Windows Server 2016 计算机中的共享文件夹特定权限外，NTFS 文件和文件夹无论共享与否都可以赋予权限。

NTFS 是 Windows Server 2016 所推荐的文件系统。它不但具有 FAT 文件系统的所有基本功能，而且具有 FAT 文件系统所没有的优点，主要体现在以下几个方面。

（1）NTFS 支持的分区容量可以达到 2TB，远远大于 FAT32 文件系统的 32GB。

（2）NTFS 是一个可恢复的文件系统。

（3）NTFS 支持对分区、文件夹和文件的压缩。

（4）NTFS 采用更小的簇，可以更有效地管理磁盘空间。

（5）在 NTFS 分区上，可以为共享资源、文件夹及文件设置访问许可权限。许可的设置包括两方面：一是允许哪些组或用户对文件夹、文件和共享资源进行访问；二是获得访问许可的组或用户可以进行什么级别的访问。访问许可权限的设置不但适用于本地计算机的用户，而且可以应用于通过网络的共享文件夹对文件进行访问的网络用户。

（6）在 Windows Server 2016 的 NTFS 下可以进行磁盘配额管理。

（7）NTFS 使用"变更"日志来跟踪记录文件所发生的变更。

需要注意的是，只有在 NTFS 中用户才可以使用 Active Directory 和基于域的安全策略等重要特性。

NTFS 的主要缺点是只能被 Windows NT 识别。虽然 NTFS 可以读取 FAT 和 FAT32 文件系统中的文件，但其文件不能被 FAT 和 FAT32 文件系统存取。如果使用双重启动配置，则可能无法从计算机的另一个系统访问 NTFS 分区上的文件。所以，如果要使用双重启动配置，那么 FAT32 或 FAT 文件系统将是更合适的选择。

2．NTFS 权限的类型

网络中最重要的是安全，安全中最重要的是权限。在网络中，管理员首先要面对的就是权限的分配问题，一旦权限设置不当，就会引起难以预估的严重后果。权限决定了用户可以访问的数据和资源，也决定了用户所享受的服务。

NTFS 权限可以实现高度的本地安全性。通过对用户赋予 NTFS 权限可以有效地控制用户对文件和文件夹的访问。NTFS 分区上的每个文件和文件夹都有一个列表，称为访问控制列表，该列表记录了每个用户和组对资源的访问权限。NTFS 权限可以针对所有的文件、文件夹、注册表键值、打印机和动态目录对象进行权限的设置。

利用 NTFS 权限，可以控制用户账户和组对文件夹与个别文件的访问。NTFS 权限只适用于 NTFS 分区。NTFS 权限的类型主要包括两大类，分别是文件夹权限和文件权限，下面对这两种类型进行介绍。

1）NTFS 文件夹权限

可以通过授权文件夹权限，控制文件夹及包含在该文件夹中的所有文件和子文件夹的访问。表 4.1 列举了可以授予的标准 NTFS 文件夹权限及该权限可以访问的类型。

表 4.1　标准 NTFS 文件夹权限及该权限可以访问的类型

NTFS 文件夹权限	可以访问的类型
修改	修改和删除文件夹，执行"写入"权限、"读取和运行"权限的动作
读取和运行	遍历文件夹，执行"读取"权限和"列出文件夹目录"权限的动作
列出文件夹目录	查看文件夹中文件和子文件夹的名称
读取	查看文件夹中的文件和子文件夹，以及文件夹的属性、拥有人和权限
写入	在文件夹中创建新的文件和子文件夹，修改文件夹的属性，查看文件夹的拥有人和权限
完全控制	除拥有所有 NTFS 文件夹权限外，还拥有"更改"权限和"取得所有权"权限
特殊权限	其他不常用的权限，如删除权限的权限

2）NTFS 文件权限

可以通过授权文件权限，控制对文件的访问。表 4.2 列举了可以授予的标准 NTFS 文件权限及该权限可以访问的类型。

表 4.2　标准 NTFS 文件权限及该权限可以访问的类型

NTFS 文件权限	可以访问的类型
修改	修改和删除文件，执行"写入"权限、"读取和运行"权限的动作
读取和运行	运行应用程序，执行"读取"权限的动作
读取	覆盖写入文件，修改文件的属性，查看文件的拥有人和权限
写入	读文件，查看文件的属性、拥有人和权限
完全控制	除拥有所有 NTFS 文件权限外，还拥有"更改"权限和"取得所有权"权限
特殊权限	其他不常用的权限，如删除权限的权限

Windows Server 2016 中的 NTFS 权限为控制系统中的资源提供了非常丰富的方法。如果用户在访问和使用所需要的、位于动态目录结构中的数据或对象方面遇到问题，则可以检查

许可权限的层级，从而找到问题所在。

3. NTFS 权限的应用规则

如果用户同时属于多个组，它们分别对某个资源拥有不同的使用权限，则该用户对该资源的有效权限是什么呢？甄别 NTFS 的有效权限存在如下规则和优先权。

1）权限的累加性

如果一个用户同时在两个组或多个组中，而各个组对同一个文件有不同的权限，那么用户对该文件有什么权限呢？简单来说，当一个用户属于多个组时，这个用户会得到各个组的累加权限，一旦有一个组的相应权限被拒绝，该用户的此权限也会被拒绝。下面进行举例说明。

假设有一个用户 Bob，如果 Bob 属于 A 和 B 两个组，A 组对某文件有读取权限，B 组对此文件有写入权限，Bob 自己对此文件有修改权限，那么 Bob 对此文件的最终权限为读取+写入+修改。

假设 Bob 对文件有写入权限，A 组对此文件有读取权限，但是 B 组对此文件为拒绝读取权限，那么 Bob 对此文件只有写入权限。如果 Bob 对此文件只有写入权限，但是没有读取权限，此时 Bob 的写入权限有效吗？答案很明显，Bob 对此文件的写入权限无效，因为无法读取是不可能写入的，就好像连门都进不去，是无法把家具搬进去的。

2）权限的继承

继承就是指新建的文件或文件夹会自动继承上一级目录和驱动器的 NTFS 权限，但是从上一级继承的权限是不能直接修改的，只能在此基础上添加其他权限。也就是不能把权限上的钩去掉，只能添加新的钩。灰色的框为继承的权限，是不能直接修改的，白色的框是可以添加的权限。当然，这并不是绝对的。例如，如果用户是管理员，就可以对继承的权限进行修改，或者让文件不再继承上一级目录和驱动器的 NTFS 权限。

3）文件权限超越文件夹权限

NTFS 文件权限超越 NTFS 文件夹权限。例如，如果某个用户对某个文件有修改权限，那么即使他对包含该文件的文件夹只有读取权限，他仍然可以修改该文件。

4）移动和复制操作对权限继承性的影响

移动和复制操作对权限继承性的影响主要体现在以下几个方面。

（1）在同一个 NTFS 分区内移动文件或文件夹时，文件或文件夹会保留在原位置的一切 NTFS 权限；在不同的 NTFS 分区之间移动文件或文件夹时，文件或文件夹会继承目的分区中文件夹的权限。

（2）在同一个 NTFS 分区内复制文件或文件夹时，文件或文件夹将继承目的位置中的文件夹的权限；在不同的 NTFS 分区之间复制文件或文件夹时，文件或文件夹将继承目的分区中文件夹的权限。

（3）从 NTFS 分区向 FAT 分区中复制或移动文件和文件夹都会导致文件和文件夹的权限丢失。

5）共享权限和 NTFS 权限的组合权限

共享权限和 NTFS 权限都会影响用户获取网上资源的能力。共享权限只对共享文件夹的安全性进行控制，即只控制来自网络的访问，但也适用于 FAT 和 FAT32 文件系统；NTFS 权限则对所有文件和文件夹进行安全控制，无论访问来自本地还是网络，它只适用于 NTFS。

当共享权限和 NTFS 权限存在冲突时，以两者中最严格的权限设定为准。

关于 Windows 操作系统的共享问题最大的困扰是，NTFS 权限和共享权限都会影响用户访问网络资源的能力。需要强调的是，在 Windows XP、Windows Server 2003 及后续的 Windows 操作系统中，默认的共享权限都是只读，这样通过网络访问 NTFS 所能获得的权限就受到了限制。

共享权限只对通过网络访问的用户有效，所以有时需要和 NTFS 权限配合（如果分区是 FAT/FAT32 文件系统，则不需要考虑）才能严格控制用户的访问。当一个共享文件夹设置了共享权限和 NTFS 权限后，就要受到两种权限的控制。

如果希望用户能够完全控制共享文件夹，首先要在共享权限中添加此用户（组），并设置完全控制权限，然后在 NTFS 权限设置中添加此用户（组），并设置完全控制权限。只有在这两处都设置了完全控制权限，才能最终拥有完全控制权限。

当用户从网络访问一个存储在 NTFS 上的共享文件夹时，会受到两种权限的约束，而有效权限是最严格的权限（也就是两种权限的交集）。当用户从本地计算机直接访问文件夹时，不受共享权限的约束，只受 NTFS 权限的约束。

同样，还需要考虑到两个权限的冲突问题。例如，共享权限为只读，NTFS 权限是写入，那么最终权限是完全拒绝，因为这两个权限的组合权限是两个权限的交集。

4.1.2　任务实施

1．NTFS 标准权限的设置

1）添加/删除用户和组

对于一个 NTFS 分区上的文件夹或文件，这里以 Demo 文件夹为例，右击该文件夹，在弹出的快捷菜单中选择"属性"命令，打开"Demo 属性"对话框，切换至"安全"选项卡，如图 4.1 所示。

单击"编辑"按钮，在打开的对话框中单击"添加"按钮，打开如图 4.2 所示的"选择用户、计算机、服务账户或组"对话框。在"选择用户、计算机、服务账户或组"对话框中，直接在文本框中输入用户账户的名称。

图 4.1　"Demo 属性"对话框

图 4.2　"选择用户、计算机、服务账户或组"对话框

如果希望以选取的方式添加用户和组账户名称，则可以先单击"高级"按钮，在如图 4.3 所示的对话框中单击"对象类型"按钮缩小搜索账户类型的范围，然后单击"位置"按钮指定搜索账户的位置，最后单击"立即查找"按钮。

　　为了进一步缩小查找范围，也可以在"一般性查询"选项卡中根据账户名称和描述做出进一步的搜索设置。在默认状态下，搜索结果部分将显示账户的名称、电子邮件、描述和位置（在文件夹中）等信息。如果希望显示更多的信息，则可以单击"列"按钮，在"搜索结果"列表框中添加需要的列。

　　在"搜索结果"列表框中选取账户时，可以先按住 Shift 键连续选取或按住 Ctrl 键间隔选取多个账户，然后单击"确定"按钮，返回如图 4.4 所示的对话框，再次单击"确定"按钮完成账户选取操作。

图 4.3　单击"对象类型"按钮　　　　　　　　图 4.4　选择用户完成后的对话框

　　这里以添加用户 zhangsan 为例展开介绍，添加完成后，在"Demo 的权限"对话框的"安全"选项卡的"组或用户名"列表框中可以看到新添加的用户 zhangsan，如图 4.5 所示。

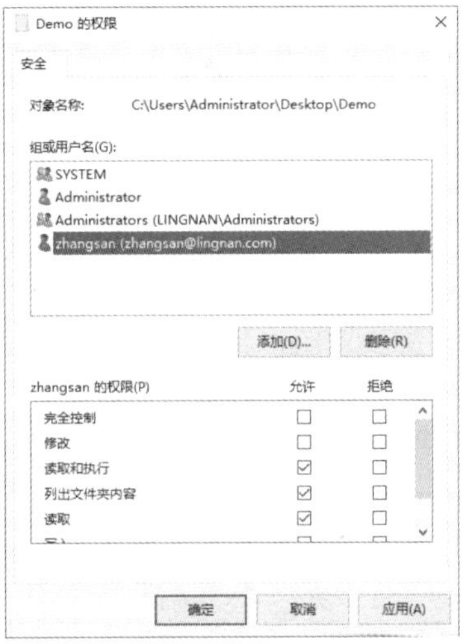

图 4.5　用户添加完成后的对话框

2）为用户和组设置权限

这里以 Demo 文件夹为例展开介绍，右击 Demo 文件夹，在弹出的快捷菜单中选择"属性"命令，打开"Demo 属性"对话框，切换至"安全"选项卡，如图 4.1 所示，在该选项卡中单击"编辑"按钮，打开"Demo 的权限"对话框，选择 Users 用户，在下面的"Users 的权限"列表框中可以对该用户的标准权限进行选择，如图 4.6 所示。

对每种标准权限都可以设置允许或拒绝两种访问权限，而每个选项都有选取（有对钩）、不选取（无对钩）或不可编辑（灰色状态的对钩选项）这 3 种状态。这种不可编辑的选项继承了该用户或组对该文件或文件夹所在上一级文件夹的 NTFS 权限。

2．NTFS 特殊权限的设置

这里仍以 Demo 文件夹为例展开介绍。右击 Demo 文件夹，在弹出的快捷菜单中选择"属性"命令，打开"Demo 属性"对话框，切换至"安全"选项卡，如图 4.1 所示，单击"高级"按钮，打开"Demo 的高级安全设置"窗口，如图 4.7 所示，切换至"权限"选项卡，如果需要查看其他信息，则可以双击权限项目，若要修改权限项目，则选择该项目并单击"编辑"按钮（如果可用），如图 4.8 所示。

图 4.6　"Demo 的权限"对话框

图 4.7　"Demo 的高级安全设置"窗口

图 4.8　对权限进行编辑

选择需要进行特殊权限设置的用户，这里以用户 zhangsan 为例展开介绍，选择该用户，单击"编辑"按钮，在打开的"Demo 的权限项目"窗口中对用户 zhangsan 的特殊权限进行设置，如图 4.9 所示。

图 4.9   "Demo 的权限项目"窗口

3．加密文件系统

加密文件系统（Encrypting File System，EFS）是 Windows Server 2016 的 NTFS 的一个组件。EFS 采用高级的标准加密算法实现透明文件的加密和解密，任何没有合适密钥的个人或程序都不能读取加密数据。即便是物理上拥有驻留加密文件的计算机，加密文件仍然受到保护，甚至是有权访问计算机及其文件系统的用户也无法读取这些数据。

Windows Server 2016 中包含的 EFS 是以公钥加密为基础的，并利用了 Windows Server 2016 中的 CryptoAPI 体系结构。每个文件都是使用随机生成的文件加密密钥进行加密的，此密钥独立于用户的公钥/私钥对。文件加密可以使用任何对称加密算法。在 Windows Server 2016 中，EFS 使用数据加密标准 X 或 DESX（北美地区为 128 位，北美地区以外为 40 位）作为加密算法。无论是本地驱动器中存储的文件还是远程文件服务器中存储的文件，都可以使用 EFS 进行加密和解密。

正如设置其他属性（如只读、压缩或隐藏）一样，通过为文件夹和文件设置加密属性，可以对文件夹或文件进行加密和解密。如果对一个文件夹进行加密，则在加密文件夹中创建的所有文件和子文件夹都自动加密，所以推荐在文件夹级别上加密。

在使用加密文件和文件夹时，必须遵循以下原则。

（1）只有 NTFS 卷上的文件或文件夹才能加密。

（2）对于不能加密压缩的文件或文件夹，如果用户对某个压缩文件或文件夹加密，则该文件或文件夹会被解压缩。

（3）如果将加密文件复制或移动到非 NTFS 格式的卷上，则该文件会被解密。

（4）如果将非加密文件移动到加密文件夹中，则这些文件将在新文件夹中自动加密。然而，反向操作不能自动解密文件，文件必须明确解密。

（5）无法加密标记为"系统"属性的文件，并且位于%systemroot%目录结构中的文件也无法加密。

（6）加密文件夹或文件不能防止删除或列出文件或目录。具有合适权限的人员可以删除或列出已加密文件夹或文件。因此，建议结合 NTFS 权限使用 EFS。

（7）在允许进行远程加密的远程计算机上可以对文件及文件夹进行加密或解密。然而，如果通过网络打开已加密的文件，此过程在网络上传输的数据并未加密，则必须使用 SSL/TLS（安全套接字层/传输层安全性）或 Internet 协议安全性（IPSec）等协议通过有线加密数据。

假设李明是公司的网络管理员，其登录名为 liming，公司有一台服务器可供公司的所有员工访问，尽管已经在多数文件夹上配置了 NTFS 权限来限制未授权用户查看文件，但李明仍然希望能使 d:\secret 文件夹达到最高级别的安全性，即保证只有此文件夹的所有者（liming 用户）可读，其他用户即使有完全控制权限（如 Administrator），也无法访问该文件夹，具体设置方法如下。

（1）选择需要加密的 d:\secret 文件夹，右击该文件夹，在弹出的快捷菜单中选择"属性"命令，打开"secret 属性"对话框，切换至"常规"选项卡，单击"高级"按钮，打开"高级属性"对话框，如图 4.10 所示。

图 4.10　"高级属性"对话框

（2）在"高级属性"对话框中，先勾选"加密内容以便保护数据"复选框，然后单击"确定"按钮，返回"secret 属性"对话框，单击"确定"按钮，完成加密操作。

（3）文件加密后，文件夹将显示为绿色。

注意：加密和压缩属性不可同时选择，即加密操作和压缩操作互斥。

（4）若以 Administrator 的身份登录，试图打开 d:\secret 文件夹中的文件，则弹出对话框，显示"拒绝访问"。此时注销 Administrator，若以用户 liming 的身份登录，则可以正常打开该文件夹中的文件。

（5）为了防止密钥丢失后无法打开加密后的文件夹，通常需要对密钥进行备份，具体操作如下：选择"开始→运行"命令，在打开的对话框中输入 certmgr.msc，单击"确定"按钮，在打开的窗口中展开"当前用户→个人→证书"，如图 4.11 所示，在窗口的右窗格中可以看到所使用的用户名为 liming 的证书，右击该证书，在弹出的快捷菜单中选择"所有任务→导出"命令，打开"证书导出向导"对话框，单击"下一步"按钮，打开"导出私钥"界面，如图 4.12 所示，单击"下一步"按钮，打开"导出文件格式"界面，勾选"个人信息交换"

选项组中的"如果可能，则包括证书路径中的所有证书"复选框，继续执行导出操作，提示输入导入证书时需要的密码及导出的文件名称和位置，直到完成导出操作。

图 4.11　导出证书

图 4.12　"导出私钥"界面

4．NTFS 压缩

Windows Server 2016 的数据压缩是 NTFS 的内置功能，利用该功能可以对单个文件、整个目录或卷上的整个目录树进行压缩。NTFS 压缩只能在用户数据上执行，不能在文件系统元数据上执行。NTFS 的压缩过程和解压缩过程对于用户而言是完全透明的，用户只要将数据应用压缩功能即可。当用户或应用程序使用压缩过的数据时，系统会自动在后台对数据进行解压缩，无须用户干预。利用这项功能，可以节省一定的硬盘使用空间。压缩文件或文件夹的步骤如下。

（1）打开"我的电脑"，双击驱动器或文件夹，右击要压缩的文件或文件夹，在弹出的快捷菜单中选择"属性"命令，可以看到"常规"选项卡，如图 4.13 所示。

图 4.13　"常规"选项卡

（2）在"常规"选项卡中，先单击"高级"按钮，在打开的"高级属性"对话框中勾选"压缩内容以便节省磁盘空间"复选框，如图 4.14 所示，然后单击"确定"按钮，返回如图 4.13 所示的对话框。

（3）在"Demo 属性"对话框中，单击"确定"按钮，打开"确认属性更改"对话框，如图 4.15 所示，可以根据实际需要选择不同的选项。

图 4.14　"高级属性"对话框　　　　图 4.15　"确认属性更改"对话框

（4）对文件进行压缩后，文件夹将显示为蓝色。

在 Windows Server 2016 中，压缩对于移动和复制文件的影响主要有以下两类。

（1）当在同一个 NTFS 分区中复制文件或文件夹时，文件或文件夹会继承目标位置的文件夹的压缩状态；当在不同的 NTFS 分区之间复制文件或文件夹时，文件或文件夹会继承目标位置的文件夹的压缩状态。

（2）当在同一个 NTFS 分区中移动文件或文件夹时，文件或文件夹会保留原有压缩状态；当在不同的 NTFS 分区之间移动文件或文件夹时，文件或文件夹会继承目标位置的文件夹的压缩状态。

需要注意的是，任何被压缩的 NTFS 文件在移动或复制到 FAT 卷时将自动解压缩。此外，使用 NTFS 压缩的文件和文件夹不能加密。

4.2　任务 2　共享文件夹的添加和管理

4.2.1　任务知识准备

1．共享文件夹的方法

将计算机中的某个文件夹设为共享文件夹后，用户就可以通过网络访问该文件夹中的文件、子文件夹等数据（需要获得适当的权限），Windows Server 2016 提供了两种共享文件夹的方法。

（1）通过计算机的任何文件夹来共享文件。使用这种方法可以决定哪些人可以更改共享文件，以及可以做什么类型的更改。可以通过设置共享权限进行操作，将共享权限授予同一网络中的单个用户或一组用户。

（2）通过计算机上的公用文件夹来共享文件。使用这种方法可以将文件复制或移到公用文件夹中，并通过该位置共享文件。如果打开公用文件夹共享，本地计算机上具有用户账户和密码的任何人，以及网络中的所有人，都可以看到公用文件夹和子文件夹中的所有文件。使用这种共享方法不能限制用户只查看公用文件夹中的某些文件，但是可以设置权限，以完全限制用户访问公用文件夹，或者限制用户更改文件或创建文件。

在创建共享文件夹之前，首先应该明确用户是否有权利创建共享文件夹。在 Windows Server 2016 中，普通用户没有权限创建共享文件夹。用户必须满足以下两个条件才可以创建共享文件夹。

（1）用户必须是属于 Administrator、Server Operators、Power Users 等用户组的成员。

（2）如果文件夹位于 NTFS 分区上，那么用户至少还需要对此文件夹拥有读取的 NTFS 权限。

2．共享文件夹的权限

用户必须拥有一定的共享权限才可以访问共享文件夹，共享文件夹的共享权限和功能如表 4.3 所示。

表 4.3　共享文件夹的共享权限和功能

共享权限	功能
读取	可以查看文件名与子文件夹名，查看文件内的数据及运行程序
更改	拥有读取权限的所有功能，还可以新建与删除文件和子文件夹，以及更改文件夹中的数据
完全控制	拥有读取和更改权限的所有功能，还具有更改权限的能力，但更改权限的能力只适用于 NTFS 内的文件夹

在 Windows Server 2016 中设置共享文件夹时，可以对共享用户的身份进行设置，这些共享文件夹可以选择 3 种身份，分别是读者、参与者和共有者。

（1）读者：表示用户对此文件夹的共享权限为读取。

（2）参与者：表示用户对此文件夹的共享权限为更改。

（3）共有者：表示用户对此文件夹的共享权限为完全控制。

共享权限只对通过网络访问此共享文件夹的用户有效，本地登录用户不受此权限的限制，因此，为了提高资源的安全性，还应该设置相应的 NTFS 权限。4.1.1 节的 "NTFS 权限的应用规则" 部分已经对 NTFS 权限和共享权限的组合权限做了说明，总而言之，其原则就是以两者中最严格的权限设定为准。

需要注意的是，当共享文件夹被复制到其他位置后，原文件夹的共享状态不会受到影响，复制产生的新文件夹不具备原有的共享设置。当共享文件夹被移到其他位置时，系统将提示移动后的文件夹会失去原有的共享设置。

4.2.2　任务实施

1．创建共享文件夹

创建共享文件夹的用户必须有管理员权限，普通用户要在网络中创建共享文件夹需要知道管理员的用户名和密码。

下面以共享 C:\data 文件夹为任务，将该文件夹共享给系统已经创建的用户 zhangsan，共享权限为读取。

（1）右击 C:\data 文件夹，在弹出的快捷菜单中选择"共享"命令，打开"文件共享"对话框，如图 4.16 所示。

图 4.16　"文件共享"对话框

（2）单击图 4.16 中的▼按钮，选择"查找"选项，在打开的"选择用户或组"对话框中查找并添加用户 zhangsan，添加成功后单击"确定"按钮，在"文件共享"对话框中可以添加用户 zhangsan，并将其权限级别设置为"读取"，如图 4.17 所示。

图 4.17　查找并添加用户

（3）如果是第一次对文件夹进行共享，则打开"网络发现和文件共享"窗口。如果是公用网，则选择"是"选项；如果是局域网，则选择"否"选项。本任务的实验环境为局域网，因此，选择"否"选项。此时，打开如图 4.18 所示的"文件共享"对话框，单击"完成"按钮，完成共享文件夹的创建。

图 4.18　完成共享文件夹的创建

（4）共享高级属性设置。右击 C:\data 文件夹，在弹出的快捷菜单中选择"属性"命令，打开"data 属性"对话框，切换至"共享"选项卡，如图 4.19 所示。单击"高级共享"按钮，打开"高级共享"对话框，如图 4.20 所示。单击"添加"按钮，打开"新建共享"对话框，如图 4.21 所示，在该对话框中可以设置共享名和用户数限制。如果希望隐藏共享文件夹，则需要在文件夹名称后面加上"$"符号，当客户机访问该文件夹时，需要指明路径，否则看不到该文件夹，此时，单击"权限"按钮，可以重新设置共享用户及其权限。

图 4.19　"共享"选项卡

图 4.20　"高级共享"对话框

图 4.21　"新建共享"对话框

2．访问共享文件夹

网络用户访问共享文件夹的方式有以下几种，下面以客户端为 Windows 7 的操作系统为例展开介绍。

共享文件夹位于 IP 地址为 192.168.2.2、计算机名为 PUMA 的机器上。网络中的用户以用户 zhangsan 的身份访问共享文件夹。

1）通过"运行"连接共享文件夹

在客户机上选择"开始→所有程序→附件→运行"命令，在弹出的对话框中输入 \\192.168.2.2\data，如图 4.22 所示。单击"确定"按钮，在弹出的对话框中输入用户名和密码，如图 4.23 所示，单击"确定"按钮打开共享文件夹。

图 4.22　访问共享文件夹　　　　　　图 4.23　输入用户名和密码

2）通过"资源管理器"访问共享文件夹

双击桌面上的"计算机"，在打开的窗口的左窗格中可以看到"网络"。单击"网络"可以看到局域网中的计算机，如图 4.24 所示。选择 PUMA 计算机，在弹出的界面中双击 data 共享文件夹，即可打开 data 文件夹，如图 4.25 所示。

图 4.24　局域网中的计算机

3）通过"映射网络驱动器"访问共享文件夹

如果某个共享文件夹经常被用户访问，则可以利用"映射网络驱动器"选项将共享文件夹作为客户机的一个驱动器，设置步骤如下。

双击桌面上的"计算机"，在打开的窗口中可以看到上方有"映射网络驱动器"选项，选择该选项，打开"映射网络驱动器"对话框，在该对话框的"文件夹"文本框中输入远程计算机的共享文件夹名称，如图4.26所示。

图4.25　打开data文件夹

在如图4.26所示的对话框中，勾选"登录时重新连接"复选框，可以使用户在登录时自动恢复网络驱动器的映射，否则用户将每次手动进行驱动器映射，映射结果如图4.27所示。

图4.26　"映射网络驱动器"对话框

图4.27　映射结果

3．管理共享文件夹

在Windows Server 2016服务器中，通过"我的电脑"窗口和"资源管理器"窗口都可以管理共享文件夹。但是，功能强大的计算机管理工具，使用户对服务器上的共享文件夹的管理变得更加容易和集中。要管理共享文件夹，请参照以下操作步骤。

（1）打开"开始"菜单，选择"管理工具→计算机管理"命令，打开"计算机管理"窗口，展开"共享文件夹→共享"，打开如图4.28所示的窗口。

（2）窗口的右窗格显示的是计算机中所有共享文件夹的信息。如果要建立新的共享文件夹，则可以通过选择"操作"菜单中的"新建共享"子菜单，或者在左窗格中右击"共享"，选择"新建共享"命令，即可打开"共享文件夹向导"对话框进行创建，该过程与上述内容类似，此处不再赘述。

（3）如果用户要停止共享某个文件夹，则在详细资料窗格中右击该文件夹，在弹出的快捷菜单中选择"停止共享"命令，出现确认信息框之后，单击"确定"按钮即可停止对该文件夹的共享。

（4）如果用户要查看和修改某个文件夹的共享属性，则可以在详细资料窗格中右击该文件夹，在弹出的快捷菜单中选择"属性"命令，打开该共享文件夹的属性对话框。

图 4.28 "计算机管理"窗口

（5）在"常规"选项卡中（见图 4.29），要设定用户数量，可以在"用户限制"选项组中选中"允许此数量的用户"单选按钮，并设置其后的值为要设定的用户数；单击"脱机设置"按钮，可以选择脱机用户是否可以使用和如何使用共享内容。

（6）在"发布"选项卡中，可以勾选"将这个共享在 Active Directory 中发布"复选框，使所选择的文件在域中进行发布，如图 4.30 所示。

图 4.29 "常规"选项卡

图 4.30 "发布"选项卡

（7）在"共享权限"选项卡中（见图 4.31），可以对相应的用户进行权限设置。如果用户允许某个用户使用该共享资源，则可以将其添加到列表框中，并进行共享权限的设置。要添加用户，单击"添加"按钮，打开"选择用户、计算机或组"对话框进行添加。

（8）如果用户不希望某个用户访问该共享资源，则可以删除该用户。要删除共享资源的网络用户，可以在"组或用户名"列表框中选择该用户，单击"删除"按钮即可。

（9）在"安全"选项卡中（见图 4.32），用户可以设置共享文件的安全性。需要注意的是，共享权限仅适合网络用户，而安全设置不仅适合网络用户，还适合本机登录用户。

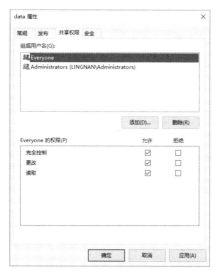
图 4.31　"共享权限"选项卡

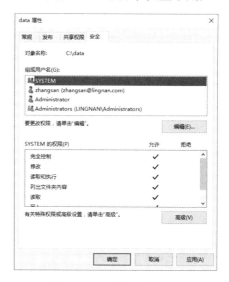
图 4.32　"安全"选项卡

（10）单击"编辑"按钮可以添加和删除用户，并且可以在用户的"权限"文本框中通过"启用"复选框和"禁用"复选框来设置用户权限，方法与共享权限的设置一样。

（11）如果要设置该共享文件或文件夹的高级安全属性，则可以单击"高级"按钮，打开该共享文件夹的"高级安全"对话框进行设置。

（12）共享文件夹管理完毕，单击"关闭"按钮，关闭"计算机管理"窗口。

4.3　任务 3　脱机文件夹的服务器端和客户端的配置

4.3.1　任务知识准备

1. 脱机文件的概念

脱机文件是 Windows Server 2016 中保留的一项特性，用来在断开网络连接的情况下依然保证用户可以正常访问远程网络共享文件夹中的文件。用户的计算机将会缓存服务器上的文件，并且将它们存储在本地。一旦脱机文件的功能被配置启用，那么缓存文件对于用户来讲将是完全透明的。

2. 脱机文件夹的作用

当计算机连接在网络上时可以随时、方便地访问网络上的共享文件夹。但是，当计算机与网络断开连接时，如何继续使用一些必要的网络文件呢？例如，将一台笔记本电脑带回家，离开公司网络后，这台笔记本电脑如何才能继续使用公司网络上的共享文件呢？在这样的情况下，最直接的方法是将需要的文件复制到笔记本电脑上，但是这种方法存在版本控制的问题：当笔记本电脑被再次带回公司，连接上公司网络后，需要尽快将修改后的文档更新到原位置。但是，在笔记本电脑离开公司的这段时间，笔记本电脑中的文件可能已经被修改，网络上的共享文件也可能被其他人修改了。是逐一对比文件版本，还是在放弃和保留之间权衡？正是为了满足这样的需求，脱机文件夹才得到应用。

进行脱机文件夹设置后，脱机文件将自动被复制到用户计算机上，在可以访问共享文件的情况下，仍然使用网络上的共享文件；在网络上的共享文件不可及的情况下，可以使用已经复制到用户计算机上的文件。当用户计算机可以重新连接到网络上的共享文件时，可以根据预先的设置对文件进行同步设置。

由此可见，脱机文件尤其适用于那些使用笔记本电脑办公及那些经常出差，或者办公网络不稳定的人们。脱机文件被缓存到用户的本地计算机上有利于用户不间断地开展自己的工作，而当连接网络后所有的信息又会自动地同步到服务器上。

3．Windows Server 2016 中脱机文件的新特性

在 Windows Server 2016 中，脱机文件这个功能得到了更大的改进，主要体现在以下几个方面。

（1）用户可以随时根据实际需求对脱机文件的状态进行转变，可以将脱机文件的状态转变为"在线"，而不必等待所有的缓存文件全部被同步完成。例如，在一个用户的笔记本电脑上配置了脱机文件的功能，并且正在启用脱机工作，那么当用户连接网络时，就可以直接将工作状态改为"在线"，而不必等待所有用户的脱机文件全部被同步完成。

（2）如果在连接网络时用户的本地计算机上有正处于打开状态的文件处理操作，那么这个打开的文件处理操作会直接转变为服务器上的文件操作，而无须用户再关闭文件。例如，用户正在处理一个 Word 文档的时候恢复了网络连接，那么在之前的 Windows 操作系统版本中，用户会在同步前看到关闭文件的提示，而在 Windows Server 2016 中会自动转移到服务器上，用户可以继续处理其 Word 文档而无须任何附加的操作。

（3）在 Windows XP 中，如果某个文件无法同步，那么整个服务器都将处于脱机状态，服务器上将没有共享可以被访问，而不管这些共享是否在本地计算机上被缓存存储。但是，在 Windows Server 2016 中，这个功能得到了提升，文件的可用性细化到由每个文件级别来判定。如果某个文件不可用，那么相同共享文件夹下的其他共享都还会有效，这些文件在"在线"状态下都有效。这样就为 DFS 提供了更好的协作能力。

（4）Windows Server 2016 的脱机文件在同步管理方面也有了全新的改进，新的特性包括提供脱机文件同步的出错报告和出错文件列表，以及脱机文件修改后的操作选项。

4.3.2　任务实施

1．任务实施拓扑结构

本次任务根据如图 4.33 所示的拓扑结构进行部署，共享文件夹存储在服务器端的 PUMA 计算机上，公司员工通过客户端的 client 计算机利用脱机文件夹对共享文件进行访问。

任务实施包括两个部分，分别是在服务器端对共享文件夹进行脱机设置和在客户端启用脱机文件夹的设置。

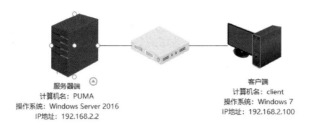

服务器端
计算机名：PUMA
操作系统：Windows Server 2016
IP地址：192.168.2.2

客户端
计算机名：client
操作系统：Windows 7
IP地址：192.168.2.100

图 4.33　任务实施拓扑结构

2．服务器端脱机文件夹的设置

在计算机名为 PUMA 的服务器端新建 test 文件夹，右击该文件夹，在弹出的快捷菜单中选择"共享"命令，弹出"文件共享"对话框，在该对话框中将域用户 zhangsan 添加到共享用户中，添加成功后的效果如图 4.34 所示。

图 4.34　为共享文件夹添加用户

右击 test 共享文件夹，在弹出的快捷菜单中选择"属性"命令，切换至"共享"选项卡，单击"高级共享"按钮，打开如图 4.35 所示的"高级共享"对话框。在该对话框中单击"缓存"按钮，打开"脱机设置"对话框，如图 4.36 所示。在该对话框中，可以根据实际需求选择脱机用户是否可以使用和如何使用共享内容的 3 种方式。

图 4.35　"高级共享"对话框

图 4.36　"脱机设置"对话框

（1）仅用户指定的文件和程序可以脱机使用。用户需要预先从自己的计算机（客户端）指定需要脱机使用的文件和程序，未被指定的文件和程序将无法脱机使用。

（2）用户从该共享文件夹打开的所有文件和程序自动在脱机状态下可用。文件和程序能否被脱机使用取决于脱机前是否从客户端被访问过。如果曾经被访问过，则自动在脱机状态下可用，否则在脱机状态下不可用。

（3）该共享文件夹中的文件或程序在脱机状态下不可用。

这里先选中"仅用户指定的文件和程序可以脱机使用"单选按钮，然后单击"确定"按钮，直到退出"test 属性"对话框。

3．启用客户端脱机文件夹的设置

这里的客户端以 Windows 7 为例，客户端计算机名为 client。客户端的设置步骤如下。

1）启用脱机文件功能

既然是使用脱机文件，首先在客户端启用脱机文件功能，操作步骤如下：选择"开始→控制面板"命令，在"控制面板"界面中依次选择"工具→打开同步中心"命令，如图 4.37 所示。单击"同步中心→管理脱机文件"链接，打开如图 4.38 所示的"脱机文件"对话框，单击"启用脱机文件"按钮，启动脱机文件功能，单击"确定"按钮，系统提示需要重新启动计算机以激活脱机文件功能。

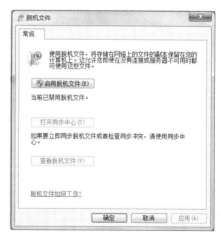

图 4.37　选择"工具→打开同步中心"命令　　　图 4.38　"脱机文件"对话框

2）指定脱机使用的文件和程序

重启计算机之后，依次选择"开始→控制面板→网络和 Internet→网络和共享中心"命令，在如图 4.39 所示的界面中，单击"查看网络计算机和设备"链接，打开如图 4.40 所示的界面。

在如图 4.40 所示的界面中可以查看局域网中的计算机和设备，这里可以看到服务器 PUMA 和本机 CLIENT，此时，双击服务器 PUMA，打开"Windows 安全"对话框，如图 4.41 所示，在该对话框中输入用户名 zhangsan 及其密码后，单击"确定"按钮，打开服务器 PUMA 所共享的所有文件夹，如图 4.42 所示。

图 4.39　单击"查看网络计算机和设备"链接

图 4.40　"查看网络计算机和设备"界面

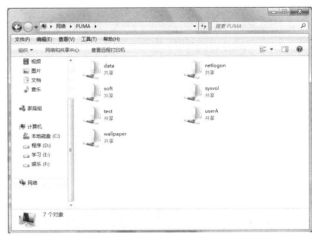

图 4.41　"Windows 安全"对话框　　　　图 4.42　服务器 PUMA 所共享的所有文件夹

此时，右击 test 共享文件夹，在弹出的快捷菜单中选择"映射网络驱动器"命令，打开"资源管理器"窗口，可以看到在"网络位置"选项组中出现了 test 共享文件夹的图标，如图 4.43

所示，右击该图标，在弹出的快捷菜单中选择"始终脱机可用"命令，打开如图 4.44 所示的"始终脱机可用"对话框。设置完成之后，就可以在"资源管理器"窗口中像访问本地硬盘中的文件一样访问网络共享文件。

图 4.43　映射网络驱动器设置完成后的效果　　　　图 4.44　"始终脱机可用"对话框

4.4　任务 4　卷影副本的服务器端和客户端的配置

4.4.1　任务知识准备

为了保护共享信息的安全，往往会对局域网中重要的共享资源进行合适的共享权限设置及安全属性设置，同时对共享资源进行定期备份；用户连接到局域网之后，通过"网上邻居"窗口就能安全访问到目标共享资源，从而大大方便了工作。不过，经过一段时间的访问之后，许多用户常常抱怨在访问共享资源的过程中，被临时修改或意外删除的文件无法像"回收站"那样快速还原，如果网络管理员强硬地在服务器系统中对目标资源进行还原，又容易影响其他共享访问用户的内容状态。此时，就可以利用系统自带的卷影副本服务，轻松实现对文件按需恢复的目的。

1．卷影副本的概念

虽然卷影副本服务早在 Windows Server 2003 中就出现了，但在 Windows Server 2016 环境下该功能得到了明显提升。巧妙地使用该功能可以为局域网中重要的共享资源创建副本，当局域网用户不小心删除或修改了其中的共享文件时，可以尝试通过访问对应共享资源的卷影副本，将目标文件内容快速还原到正确的状态。不过，要想使用卷影副本服务，不但需要在 Windows Server 2016 服务器端对卷影副本服务进行正确的设置，而且需要在客户端安装相应的控制程序。

正确安装且设置好卷影副本服务后，需要在平时共享资源正常的情况下及时创建副本，一旦发现共享资源不小心被删除，就可以通过客户端打开目标共享资源的属性设置窗口，在对应窗口的"以前的版本"选项卡中，选择之前创建好的某个时间点的卷影副本，从而恢复不小心删除的文件。

2．卷影副本的工作原理

卷影副本的工作原理如下：将共享文件夹中的所有文件复制到卷影副本的存储区域中，当共享文件夹中的文件被错误删除或修改后，卷影副本的存储区域中的文件还可以恢复成以前的文件。卷影副本实际上是在某个特定时间点，复制文件或文件夹的先前版本。

建议用户维护一个按周进行的备份操作，将所有数据重新备份一次，备份过的文件将被标记为"已备份过";同时，维护一个按日进行的差异备份计划，备份那些每天修改过的文件。应用这种组合计划进行数据备份更加便于管理，并且能够有效地保证数据的可恢复性。

3. 使用卷影副本的注意事项

为了更好地使用卷影副本服务来保护重要共享资源的安全，还需要在使用过程中注意以下事项。

（1）卷影副本服务只能用于启用了 NTFS 格式的磁盘分区，在其他格式的磁盘分区不能使用。因此，必须将重要的共享资源保存在 NTFS 格式的磁盘分区中，并且卷影副本服务的操作对象是磁盘分区，而不是具体的某个共享文件夹。

（2）在删除某个过期的卷影副本时，必须先将创建对应卷影副本的任务计划删除，否则会造成任务计划失败，同时卷影副本服务无法代替常规的备份工具。因此，应该定期使用备份工具对整个服务器系统进行安全备份。

（3）应该根据实际需求设置卷影副本的创建时间点及创建频率，尽量不要在 1 小时内进行多次创建操作，频繁地创建卷影副本，否则会消耗服务器宝贵的空间资源，严重时还会影响服务器的运行性能；过多或过少地创建卷影副本，都会影响卷影副本服务发挥的实际作用。

（4）每个磁盘分区中最多只能保存 64 个卷影副本，一旦创建的实际卷影副本数量超过这个数值，Windows Server 2016 服务器就会自动删除旧的卷影副本，并且被删除的卷影副本是无法恢复的。

4.4.2 任务实施

1. 任务实施拓扑结构

本次任务根据如图 4.33 所示的拓扑结构进行部署，需要进行卷影副本设置的共享文件夹存储在服务器端 PUMA 计算机上，公司员工通过客户端 client（Windows 7）计算机，利用卷影副本功能进行文件的恢复。

任务实施的目的是，为服务器端的 C 盘根目录下的 test 共享文件夹创建副本，客户端可以在该共享文件夹的文件内容发生变化后恢复到以前的状态。

2. 服务器端卷影副本的设置

1）建立需要获得卷影副本的共享文件夹

在服务器端的 C 盘根目录下创建 test 共享文件夹，并在该文件夹中新建 test.txt 文件。

2）为服务器端的 C 盘创建卷影副本

右击 C 盘，在弹出的快捷菜单中选择"属性"命令，打开"本地磁盘（C:）属性"对话框，切换至"卷影副本"选项卡，如图 4.45 所示。

单击"启用"按钮，打开如图 4.46 所示的"启用卷影复制"对话框。单击"是"按钮，可以得到如图 4.47 所示的结果，表明对 C 盘已经开始卷影副本操作。

图 4.45 "卷影副本"选项卡

图 4.46　"启用卷影复制"对话框

图 4.47　开始卷影副本操作

　　在实际应用中可以根据需要创建副本。例如，可以根据不同的时间创建卷影副本，并保存到指定的位置，具体操作方法如下：在如图 4.47 所示的对话框中，单击"设置"按钮，弹出如图 4.48 所示的"设置"对话框，可以在"存储区域"选项组中选择副本存储的位置（由于这里仅存在 C 盘，因此呈现灰色）。可以限制所存储副本的大小，单击"计划"按钮，弹出如图 4.49 所示的对话框，可以在该对话框中对创建副本的时间进行设置，这里选择默认的设置即可。

图 4.48　"设置"对话框

图 4.49　计划卷影副本

　　完成以上全部设置后，卷影副本设置完毕，即已经为卷影副本存储区域的文件创建副本（这里是指为 C 盘根目录下的 test 共享文件夹创建副本）。为了方便后续的验证，对 test 共享文件夹中的 test.txt 文件进行编辑并保存后退出。

3．客户端验证

在客户端的 client 计算机上，选择"开始→所有程序→运行"命令，在弹出的对话框的"打开"文本框中输入\\192.168.2.2，如图 4.50 所示，访问服务器上的共享文件夹 test。

在如图 4.50 所示的对话框中，单击"确定"按钮，弹出如图 4.51 所示的"Windows 安全"对话框。在该对话框中输入用户名和密码，单击"确定"按钮，可以打开 PUMA 服务器上的所有共享文件夹。

图 4.50　访问服务器上的共享文件夹 test

右击 test 共享文件夹，在弹出的快捷菜单中选择"属性"命令，打开"test（\\192.168.2.2）属性"对话框，切换至"以前的版本"选项卡，如图 4.52 所示，此时可以看到 test.txt 文件的副本，单击"打开"按钮就可以得到 test.txt 文件编辑前的原文件。

图 4.51　"Windows 安全"对话框

图 4.52　"以前的版本"选项卡

4.5　任务 5　DFS 的创建及访问

4.5.1　任务知识准备

DFS 主要用于解决把分散的共享资源进行集中管理的问题。本任务将介绍 DFS 的概念、特性，以及如何配置 DFS 并访问 DFS 中的文件。

1．DFS 的概念

尽管在 Windows Server 2016 中可以通过"网上邻居"或"映射网络驱动器"选项进行资源共享，但物理位置的分散往往使要访问的资源显得十分零乱。DFS 的出现正是为了解决此类问题。DFS 服务可以将分布在多台服务器或客户机上的共享资源整合在一个 DFS 根目录中，从而使用户无须知道或指定文件的实际物理位置就可以对它们进行访问，这将简化资源共享的操作步骤。DFS 的模式如图 4.53 所示。

DFS 为整个企业网络上的文件系统资源提供了一个逻辑树结构。用户可以抛开文件的实际物理位置，仅通过一定的逻辑关系就可以查找和访问网络中的共享资源。用户能够像访问本地文件一样访问分布在网络中多台服务器上的文件。

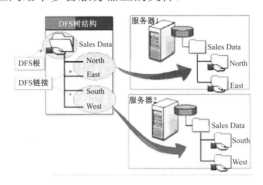

图 4.53   DFS 的模式

Windows Server 2016 在 DFS 中提供了两个功能，分别是 DFS 命名空间（DFS Namespace）和 DFS 复制（DFS Replication）。

（1）DFS 命名空间：使用 DFS 命名空间，可以将位于不同服务器上的共享文件夹组合到一个或多个逻辑结构的命名空间。每个命名空间作为具有一系列子文件夹的单个共享文件夹显示给用户。但是，命名空间的基本结构可以包含位于不同服务器及多个站点中的大量共享文件夹。

（2）DFS 复制：是一种有效的多主机复制引擎，可用于保持跨有限带宽网络连接的服务器之间的文件夹同步。它将文件复制服务（File Replication Service，FRS）替换为用于 DFS 命名空间，以及用于复制使用 Windows Server 2016 域功能级别的域中的 Active Directory 域服务（AD DS）SYSVOL 文件夹的复制引擎。

要配置 DFS，需要有 Active Directory 的域环境，参与 DFS 复制的服务器必须在同一个根目录中，并且复制的文件夹必须是 NTFS 格式。

2．使用 DFS 的原因

使用 DFS 可以使分布在多台服务器上的文件在用户面前显示，如同位于网络中的一个位置，用户在访问文件时不需要知道和指定它们的实际物理位置。

例如，如果用户的销售资料分散在某个域中的多台服务器上，用户就可以利用 DFS 使其显示时好像所有的资料都位于一台服务器上，这样用户就不必到网络上的多个位置去查找他们需要的信息。

在以下几种情形下，用户应该考虑使用 DFS。

（1）访问共享文件夹的用户分布在一个站点的多个位置或多个站点上。

（2）大多数用户需要访问多个共享文件夹。

（3）通过重新分布共享文件夹可以改善服务器的负载平衡状况。

（4）用户需要对共享文件夹进行不间断的访问。

（5）用户的组织中有供内部或外部使用的 Web 站点。

3．DFS 的特性

DFS 的特性体现在以下几点。

（1）容易访问文件。DFS 使用户可以更容易地访问文件。即使文件可能在物理上跨越多台服务器，用户也只需要转到网络上的某个位置即可访问文件。更改共享文件夹的物理位置是不会影响用户访问文件夹的。因为文件的位置看起来仍然相同，所以用户仍然采用与以前相同的方式访问文件夹，而不再需要用多个驱动器映射来访问文件。计划文件服务器维护、软件升级和其他任务（一般需要服务器脱机）可以在不中断用户访问的情况下完成，这对 Web 服务器特别有用。通过选择 Web 站点的根目录作为 DFS 根目录，可以在 DFS 中移动资源，而不会断开任何 HTML 链接。

（2）可用性。基于域的 DFS 以两种方法确保用户保持对文件的访问。首先，Windows Server 2016 自动将 DFS 拓扑发布到 Active Directory 中，从而确保 DFS 拓扑对域中所有服务器上的用户总是可见的。其次，管理员可以复制 DFS 根目录和 DFS 共享文件夹，这意味着可以在域中的多台服务器上复制 DFS 根目录和 DFS 共享文件夹。即使这些文件驻留的一台物理服务器不可用，用户将仍然可以访问此文件。

（3）服务器负载平衡。DFS 根目录可以支持物理上通过网络分布的多个 DFS 共享文件夹，这一点很有用。例如，当有多个用户将访问同一个文件时，并非所有的用户都在单台服务器上物理地访问此文件，这会增加服务器的负担，DFS 确保访问文件的用户分布在多台服务器。然而，在用户看来，文件驻留在网络上的相同位置。

4．DFS 拓扑

DFS 拓扑由 DFS 根目录、一个或多个 DFS 链接、一个或多个 DFS 共享文件夹，或者每个 DFS 所指的副本组成。

DFS 根目录所驻留的域服务器称为宿主服务器。通过在域中的其他服务器上创建根目录共享，可以复制 DFS 根目录。这可以确保在宿主服务器不可用时，文件仍可使用。

对于用户，DFS 拓扑对所需网络资源提供统一和透明的访问。对于系统管理员，DFS 拓扑是单个 DNS 命名空间。使用基于域的 DFS，将 DFS 根目录共享的 DNS 名称解析到 DFS 根目录的宿主服务器上。

因为基于域的 DFS 的宿主服务器是域中的成员服务器，在默认情况下，会将 DFS 拓扑自动发布到 Active Directory 中，所以提供了跨越主服务器的 DFS 拓扑同步。这反过来又为 DFS 根目录提供了容错性，并支持 DFS 共享文件夹的可选复制。

通过将 DFS 链接添加到 DFS 根目录，可以扩展 DFS 拓扑。对 DFS 拓扑中分层结构的层数的唯一限制是对任何文件路径最多使用 260 个字符。新 DFS 链接可以引用共享文件夹或子文件夹，或者整个 Windows Server 2016 卷。如果用户有足够的权限，则可以访问任何本地子文件夹，该子文件夹存在于（或被添加到）DFS 共享文件夹中。

5．DFS 的分类

DFS 包括独立 DFS 和域 DFS 两大类，下面对其功能进行介绍。

1）独立 DFS

独立 DFS 的实施方法是，在网络中的一台计算机上以一个共享文件夹为基础，建立一个 DFS 目录，通过这个目录来共享分布在网络中的许多组，构成以 DFS 根目录为根的虚拟共享文件夹，如图 4.54 所示。从使用者的角度来看，在访问某个共享文件夹时只是通过这个 DFS 目录去访问，究竟访问的是相同共享的哪个副本则不必关心。在这样的构架中，当共享的一个副本出现故障而不能访问时，DFS 会悄无声息地提供该共享的另一个副本供访问者使用，达到共享文件的容错目的，称为 DFS 链接容错。

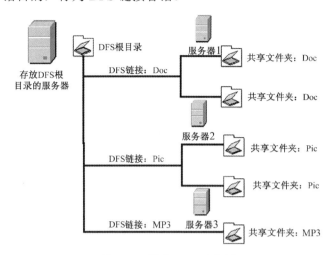

图 4.54　独立 DFS 示意图

2）域 DFS

域 DFS 不但可以提供 DFS 链接容错，而且可以提供 DFS 目录容错。前面曾经提到，DFS 目录是建立在一台计算机上的，如果这台计算机出现问题，就难以达到共享资源绝对被访问到的要求。域 DFS 可以提供 DFS 根目录的同步和容错功能，但要求存储 DFS 根目录的计算机必须是域成员，如图 4.55 所示。

图 4.55　域 DFS 示意图

6．DFS 复制

DFS 复制是从 Windows 2000 Server 开始引入的文件复制服务，是一个基于状态的新型多主机复制引擎，支持复制计划和带宽限制。DFS 复制使用一种称为远程差分压缩（Remote Differential Compression，RDC）的新的压缩算法。RDC 是一种"线上差分"客户端/服务器协议，可用于在有限带宽网络上有效地更新文件。RDC 检测文件中数据的插入、删除和重新排列，使 DFS 复制能够在文件更新时仅复制已更改的文件块。

DFS 复制使用许多复杂的进程来保持多台服务器上的数据同步，在一个成员上进行的任何更改均将复制到复制组的所有其他成员上。DFS 复制通过监视更新序列号（USN）日志来检测卷上的更改，并且仅在文件关闭后复制更改。

在发送或接收文件之前，DFS 复制使用暂存文件夹来暂存文件。DFS 复制使用版本矢量交换协议来确定需要同步的文件。该协议通过网络为每个文件发送不到 1KB 的数据，用于同步发送成员和接收成员的与已更改文件关联的数据。

文件更改后，只会复制已更改的文件块，而不会复制整个文件。RDC 协议用于确定已更改的文件块。使用默认的设置，RDC 协议适用于任何大于 64KB 的文件类型，仅通过网络传输文件的一小部分。

DFS 复制对冲突的文件（在多台服务器上同时更新的文件）使用最后写入者优先的冲突解决启发方式，对名称冲突使用最早创建者优先的冲突解决启发方式。解决冲突失败的文件和文件夹移至一个称为冲突和已删除文件夹的文件夹。还可以通过配置 DFS 复制服务，将已删除文件复制到冲突和已删除文件夹，以便在文件或文件夹被删除后进行检索。

DFS 复制不仅可以自我修复，还可以自动从 USN 日志覆盖、USN 日志丢失或 DFS 复制数据库丢失中恢复。DFS 复制使用 Windows Management Instrumentation（WMI）提供程序为获取配置和监视来自 DFS 复制服务的信息提供端口。

4.5.2 任务实施

1. 任务实施拓扑结构

本任务的拓扑结构如图 4.56 所示，任务的目的是利用 DFS 来实现分布式文件的访问和管理。先在 server 服务器上创建一个共享文件夹 setupfile，在 PUMAserver 服务器上创建一个共享文件夹 information，在 PUMA 服务器上创建一个共享文件夹 public，并创建 fileserver 命名空间，这个 fileserver 命名空间实际上就是 DFS 的根，然后添加两个 DFS 链接指向 setupfile 和 information 共享文件夹，这两个 DFS 链接在用户看来就像 fileserver 文件夹中的两个文件夹。例如，用户单击 fileserver 文件夹中的 setupfile 文件夹，就会通过 DFS 将用户透明地定位到\\server\setupfile。

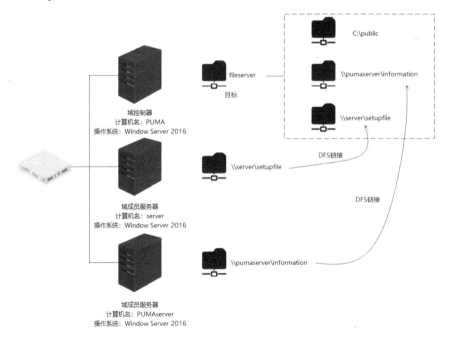

图 4.56　任务实施拓扑结构

在进行配置的过程中，服务器上分别安装以下角色：在 PUMA 服务器上安装分布式文件系统，并创建命名空间，在该命名空间中添加文件夹。在 server 和 PUMAserver 服务器上均安装分布式文件系统，此外，应根据需要对所共享的文件夹进行权限设置。

2．创建 DFS

1）建立 DFS 命名空间

以管理员身份登录 PUMA 域控制器，打开"服务器管理器"窗口，在该窗口中单击"添加角色和功能"链接，打开"添加角色和功能向导"窗口，如图 4.57 所示。

图 4.57 "添加角色和功能向导"窗口

单击"下一步"按钮，在"选择服务器角色"界面中展开"文件和存储服务"选项，勾选"DFS 复制"复选框和"DFS 命名空间"复选框，如图 4.58 所示。

图 4.58 "选择服务器角色"界面

单击"下一步"按钮，在"确认安装所选内容"界面中单击"安装"按钮，安装所选服务，安装成功后单击"关闭"按钮，显示的界面如图 4.59 所示。

图 4.59　"安装进度"界面

选择"开始→Windows 管理工具"命令，可以看到菜单中新增了 DFS Management 命令，选择 DFS Management 命令，打开"DFS 管理"窗口，在右窗格的"操作"面板中单击"新建命名空间"链接，打开"新建命名空间向导"窗口，如图 4.60 所示。

图 4.60　"新建命名空间向导"窗口

单击"下一步"按钮，在"命名空间服务器"界面中输入将承载该命名空间服务器的名称，这里输入 PUMA，也可以单击"浏览"按钮进行选择，如图 4.61 所示。

单击"下一步"按钮，在"命名空间名称和设置"界面中输入命名空间的名称，这里输入 fileserver，如图 4.62 所示。向导将在命名空间服务器上创建一个默认共享文件夹，要修改共享文件夹的设置，可以单击"编辑设置"按钮，打开"编辑设置"对话框，并在该对话框中进行修改，如图 4.63 所示。

单击"下一步"按钮，在"命名空间类型"界面中选中"基于域的命名空间"单选按钮，如图 4.64 所示。

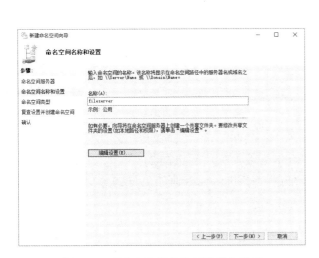

图 4.61　"命名空间服务器"界面

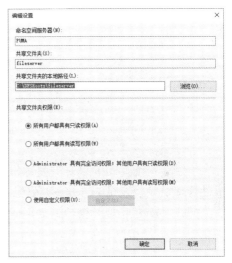

图 4.62　"命名空间名称和设置"界面　　　　图 4.63　"编辑设置"对话框

图 4.64　"命名空间类型"界面

单击"下一步"按钮，复查设置，单击"创建"按钮创建命名空间，创建成功后，返回"DFS 管理"窗口，查看命名空间，如图 4.65 所示。

图 4.65　查看命名空间

2）建立 DFS 链接

下面先对 server 服务器上的 DFS 进行配置，然后在 PUMA 服务器上将 server 服务器上的共享文件夹 setupfile 链接到 PUMA 服务器上。

以管理员身份登录 server 服务器，利用前面建立 DFS 命名空间的方法添加"文件和存储服务"角色，勾选"DFS 复制"复选框和"DFS 命名空间"复选框。

以管理员身份登录 PUMA 服务器，选择"开始→Windows 管理工具→DFS Management"命令，打开"DFS 管理"窗口，如图 4.66 所示。

图 4.66　"DFS 管理"窗口

在"DFS 管理"窗口中，展开"命名空间→\\lingnan.com\fileserver"，在"操作"面板中

单击"新建文件夹"链接，打开"新建文件夹"对话框，如图 4.67 所示。在"新建文件夹"对话框的"名称"文本框中输入需要链接的 server 服务器上的共享文件夹的名称（该名称可以根据需要进行修改）。

单击"添加"按钮，打开"添加文件夹目标"对话框，如图 4.68 所示，可以在"文件夹目标的路径"文本框中直接输入地址，或者通过单击"浏览"按钮来查找网络中其他服务器上需要进行链接的共享文件夹。

图 4.67　"新建文件夹"对话框　　　　　　图 4.68　"添加文件夹目标"对话框

添加完成后，单击"确定"按钮，返回"新建文件夹"对话框，此时的效果如图 4.69 所示，表明需要链接的共享文件夹添加完毕。

图 4.69　添加链接完成后的"新建文件夹"对话框

server 服务器上的共享文件夹 setupfile 添加成功后，在命名空间中可以得到如图 4.70 所示的窗口。

PUMAserver 服务器上的共享文件夹 information 的 DFS 链接方法与上述操作类似。

此时，可以进行简单的测试，在 PUMA 服务器上，选择"开始→运行"命令，输入\\lingnan.com\fileserver，可以看到 fileserver 文件夹中包含 setupfile 文件夹和 information 文件夹，如图 4.71 所示。

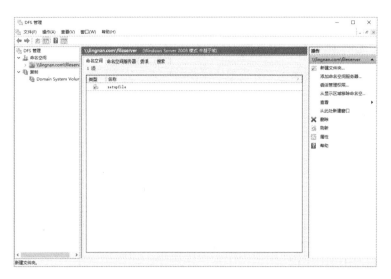

图 4.70 添加链接完成后的"DFS 管理"窗口

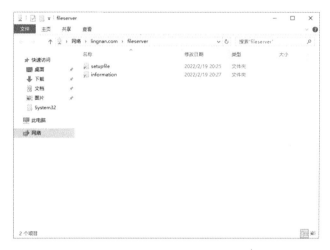

图 4.71 验证 DFS 服务

3）配置复制

创建命名空间后，在一个 DFS 链接有多个目标的情况下，这些目标所映射的共享文件夹的文件应用相同，用户可以设置这些目标之间自动复制文件，因此，需要进行复制的配置。

在如图 4.66 所示的"DFS 管理"窗口中，展开"复制"，在窗口的右窗格中依次单击"复制→新建复制组"链接，打开"新建复制组向导"窗口，如图 4.72 所示，在"复制组类型"界面中选中"多用途复制组"单选按钮。

单击"下一步"按钮，打开"名称和域"界面，如图 4.73 所示，在"复制组的名称"文本框中输入 file-server-group。

单击"下一步"按钮，打开"复制组成员"界面，单击"添加"按钮，将 PUMA 服务器和 SERVER 服务器添加到复制组成员中，如图 4.74 所示。

单击"下一步"按钮，打开"拓扑选择"界面。有 3 种拓扑可以选择，分别是集散、交错和没有拓扑。三者的含义如下。

（1）集散类似于星形拓扑，一台服务器作为中心服务器，其他节点服务器都和它相连，文件数据只能从中心服务器复制到节点服务器或从节点服务器复制到中心服务器，节点服务器之间不会相互复制。

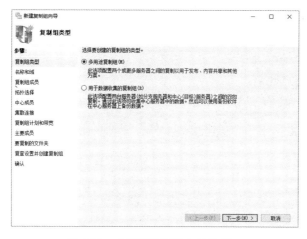

图 4.72　"新建复制组向导"窗口

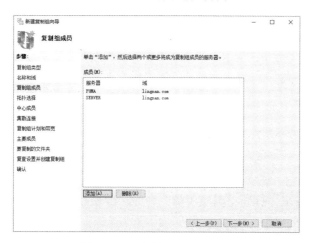

图 4.73　"名称和域"界面

图 4.74　"复制组成员"界面

（2）交错是所有的服务器之间都会相互连接，文件数据会从每台服务器复制到其他所有服务器上。

（3）没有拓扑是没有建立复制拓扑，用户可以根据需要自行指定复制拓扑。

这里选中"交错"单选按钮，如图4.75所示。

图4.75　"拓扑选择"界面

单击"下一步"按钮，打开"复制组计划和带宽"界面，如图4.76所示。在此选中"使用指定带宽连续复制"单选按钮，"带宽"指定为"完整"，也可以根据需要选中"在指定日期和时间内复制"单选按钮。

图4.76　"复制组计划和带宽"界面

单击"下一步"按钮，打开"主要成员"界面，如图4.77所示。在此选择包含其他成员共享内容的域控制器PUMA。

单击"下一步"按钮，打开"添加要复制的文件夹"对话框，如图4.78所示。单击"浏览"按钮添加需要复制的文件夹，这里添加的文件夹为public。

图 4.77 "主要成员"界面　　　　　　图 4.78 "添加要复制的文件夹"对话框

单击"下一步"按钮，打开"其他成员上 public 的本地路径"界面，单击"编辑"按钮，设置其他成员需要复制的文件夹，这里添加的文件夹为 setupfile，如图 4.79 所示。添加成功后单击"确定"按钮，可以得到如图 4.80 所示的效果。

图 4.79 添加 setupfile 文件夹　　　　　　图 4.80 添加成功后的效果

单击"下一步"按钮，打开"复查设置并创建复制组"界面，如图 4.81 所示，"复制组设置"列表框中列出了复制组的相关配置信息。

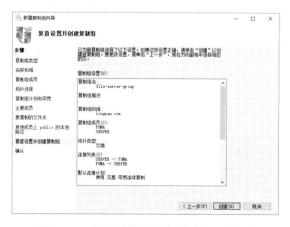

图 4.81 "复查设置并创建复制组"界面

单击"创建"按钮，开始创建复制组。创建成功后将显示相关的信息，如图 4.82 所示，单击"关闭"按钮，完成文件和复制拓扑的设置。

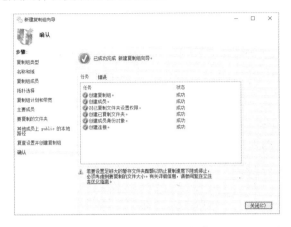

图 4.82 创建成功的信息

3．访问 DFS 中的文件

访问 DFS 中的文件通常有两种方法：一种是使用运行方式访问 DFS 根目录，另一种是使用"映射网络驱动器"命令进行访问。下面分别进行介绍。

1）使用运行方式访问

要访问独立的 DFS 中的 DFS 共享文件夹，可以使用以下 UNC 路径，其中，"服务器"是 DFS 服务器的名称，DfsRoot 是 DFS 根目录的名称：

    \\服务器\DfsRoot

例如，要访问名为 Server1 的成员服务器上的 Share1 共享文件夹（以名为 Root1 的独立的 DFS 根目录为宿主），可以使用以下 UNC 路径：

    \\Server1\Root1

要访问基于域的 DFS 中的 DFS 共享文件夹，可以使用下列 UNC 路径之一，其中，"域名"是域名称，"服务器"是 DFS 服务器的名称，DfsRoot 是 DFS 根目录的名称：

    \\域名\DfsRoot
    \\服务器\DfsRoot

在本任务中，可以用\\lingnan.com\fileserver 对成员服务器上的 setupfile 文件夹和 information 文件夹进行访问。

2）使用"映射网络驱动器"命令访问

选择"开始→运行"命令或"Windows 资源管理器→工具→映射网络驱动器"命令进行访问，其方法与访问普通共享文件夹的方法相同。

实训 4 Windows Server 2016 中文件共享的配置和管理

一、实训目标

（1）掌握 Windows Server 2016 中文件共享的配置方法。

（2）掌握 Windows Server 2016 中脱机文件夹的配置方法和使用方法。

（3）熟悉 Windows Server 2016 中卷影副本的功能。

（4）掌握在 Windows Server 2016 中创建和访问 DFS 中文件的方法。

二、实训准备

（1）网络环境：已搭建好的 100Mbit/s 的以太网，包含交换机、超五类（或五类）UTP 直通线若干、两台或两台以上的计算机（具体数量可以根据学生人数安排）。

（2）服务器端计算机配置：CPU 为 Intel Pentium 4 以上版本，内存不小于 1GB，硬盘剩余空间不小于 20GB，并且已安装 Windows Server 2016，或者已安装 VMware Workstation 13 以上版本，同时硬盘中有 Windows Server 2016 和 Windows 7 的安装程序。

（3）客户端计算机配置：CPU 为 Intel Pentium 4 以上版本，内存不小于 1GB，硬盘剩余空间不小于 20GB，并且已安装 Windows 7，或者已安装 VMware Workstation 13 以上版本，同时硬盘中有 Windows Server 2016 和 Windows 7 的安装程序。

三、实训步骤

局域网中的一部分计算机作为服务器端，另一部分作为客户端，分别在服务器端和客户端按照如下步骤进行配置。

（1）在服务器端 server（server 为计算机名，后同）计算机的本地磁盘驱动器（分区格式为 NTFS）上新建一个 ShareTest 文件夹，并将其设为共享文件夹。

（2）根据需要，为共享文件夹 ShareTest 进行访问权限的设置。

（3）在客户端计算机上，利用本项目任务 2 中访问共享文件夹的方法对 ShareTest 文件夹进行访问，同时，对共享文件夹的访问权限进行验证。

（4）在 server 计算机上，将共享文件夹 ShareTest 设置为可以脱机访问。

（5）在客户端计算机上，利用本项目任务 3 中访问脱机文件夹的方法对 ShareTest 文件夹进行访问。

（6）为 server 计算机上的共享文件夹 ShareTest 添加一个 Word 文档或修改其中任意一个文件的内容。

（7）在客户端计算机上打开脱机文件夹 ShareTest，验证文件夹中的文件是否已经发生变化。

（8）在 server 计算机上的 D 盘根目录下启用卷影副本功能，设置存储限制为 100MB，并设置卷影副本的计划从当前时间开始，每个星期日的 18:00 自动添加一个卷影副本，将共享文件夹 ShareTest 中的内容复制到卷影副本的存储区中备用。

（9）利用项目 3 中创建域的方法建立名称为 student.com 的域控制器，在该计算机上建立共享文件夹 Public。

（10）在域控制器 student.com 上将邻近的某台计算机（假设其计算机名为 WT）加入创建的域中，在域控制器 student.com 和 WT 计算机上各创建一个名称为 ShareDFS 的文件夹，同时在域控制器 student.com 的 ShareDFS 文件夹中任意建立 3 个文件。

（11）在域控制器 student.com 上创建一个 DFS 根目录 root，指向该域控制器上的共享文件夹 Public。

（12）在域控制器 student.com 的 DFS 根目录下创建一个 DFS 链接，指向该域控制器和

WT 计算机上的 ShareDFS 文件夹。

（13）设置它们的复制拓扑为交错拓扑，并且只允许从域控制器 student.com 向客户端计算机进行复制，设置在星期六和星期日不进行复制。

（14）在 WT 计算机上验证 ShareDFS 文件夹中是否有内容被复制过来，同时在文件夹中添加文件，检测能否被复制到域控制器 student.com 的 ShareDFS 文件夹中。

习　题　4

一、填空题

1. NTFS 权限分为两大类，分别是_____和_____。

2. EFS 只能对_____卷上的文件或文件夹进行加密操作。

3. 共享文件夹有 3 种权限，分别是_____、_____和_____。

4. DFS 包括两大类，分别是_____和_____。

5. 复制拓扑用来描述 DFS 各服务器之间复制数据的逻辑链接，复制拓扑有 3 种，分别是_____、_____和_____。

二、选择题

1. 在下列拓扑中，不属于 Windows Server 2016 的 DFS 复制拓扑的是（　　）。
   A．没有拓扑　　　B．环状　　　　　C．交错　　　　　D．集散

2. 某文件夹可读意味着（　　）。
   A．在该文件夹中建立文件
   B．从该文件夹中删除文件
   C．可以从一个文件夹转到另一个文件夹
   D．可以查看该文件夹中的文件

3. 卷影副本内的文件为只读，并且最多只能存储（　　）个卷影副本（超过这个数目的卷影副本后，继续添加卷影副本将覆盖最早创建的卷影副本，并且被覆盖的早期卷影副本无法恢复）。
   A．16　　　　　　　B．32　　　　　　C．64　　　　　　D．128

三、简答题

1. 复制和移动对共享权限有什么影响？

2. 什么是卷影副本？卷影副本有何作用？

3. 什么是 DFS？DFS 有何特性？

4. 如何访问 DFS 中的文件？

项目 5 磁 盘 管 理

【项目情景】

随着爱联科技业务的增长和人员的增加，原有的文件服务已明显不能满足需求：磁盘负载越来越重，文件的访问速度变慢，磁盘空间越来越少，以至于无法安装或升级一些应用程序。另外，数据的安全性也是爱联科技日益凸显的问题。那么，岭南信息技术有限公司应该如何为爱联科技提出合理的建议和意见呢？

【项目分析】

（1）爱联科技决定购置一批高性能的服务器，并且需要对购置的服务器制订磁盘管理的解决方案，同时对旧的服务器进行磁盘检查和性能分析。

（2）为了保证合理使用磁盘，可以对磁盘进行分区管理，合理划分各磁盘的大小。

（3）可以利用动态磁盘划分卷的方式动态调整磁盘空间的大小。

（4）利用 RAID-1 卷和 RAID-5 卷保护磁盘数据。

（5）可以用磁盘配额功能来保护系统的安全。

【项目目标】

（1）熟悉静态磁盘的划分和管理。

（2）熟悉动态磁盘的划分和管理。

（3）掌握 RAID-1 卷和 RAID-5 卷的创建。

（4）掌握磁盘配额功能的实现。

【项目任务】

任务 1　静态磁盘的管理

任务 2　动态磁盘的管理

任务 3　RAID-1 卷和 RAID-5 卷的创建

任务 4　磁盘配额功能的实现

5.1　任务 1　静态磁盘的管理

5.1.1　任务知识准备

1. 磁盘管理概述

Windows Server 2016 为用户提供了灵活、强大的磁盘管理方式，集成了许多磁盘管理方面的新特征和新功能。用户在使用磁盘管理程序之前，必须先了解系统中的各项功能及特征，这样才能更有效地对磁盘进行管理和配置，从而进一步提高计算机的性能。Windows Server 2016 磁盘管理方面的新特征和新功能如下。

（1）更简单的分区创建。当右击某个卷时，可以直接从菜单中选择是创建基本分区、跨区分区还是带区分区。

（2）磁盘转换选项。如果向基本磁盘添加的分区超过 4 个，系统就会提示用户将磁盘分区形式转换为动态磁盘或 GUID 分区表（GPT）。

（3）扩展和收缩分区。可以直接从 Windows 界面扩展和收缩分区。

在 Windows Server 2016 中，磁盘管理任务可以通过"磁盘管理"MMC 控制台来完成，它可以完成以下功能。

（1）创建和删除磁盘分区。

（2）创建和删除扩展磁盘分区中的逻辑分区。

（3）指定或修改磁盘驱动器、CD-ROM 设备的驱动器号及路径。

（4）基本盘和动态盘的转换。

（5）创建和删除映射卷。

（6）创建和删除 RAID-5 卷。

2．基本磁盘概述

基本磁盘主要包含主磁盘分区、扩展磁盘分区，它们都是以分区方式组织和管理磁盘空间的。基本磁盘最多可以包含 4 个主磁盘分区，或者 3 个主磁盘分区附加 1 个扩展磁盘分区，而扩展磁盘分区可以包含多个逻辑驱动器。磁盘分区示意图如图 5.1 所示。

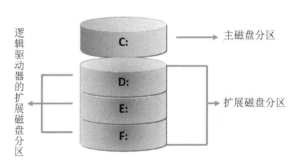

图 5.1　磁盘分区示意图

在使用基本磁盘之前，一般需要使用 FDISK、PQMAGIC 等工具对磁盘进行分区。

1）主磁盘分区

主磁盘分区是物理磁盘的一部分，它像物理上独立的磁盘那样工作。主磁盘分区通常用于启动系统。在一块物理磁盘上最多可以创建 4 个主磁盘分区，或者 3 个主磁盘分区和 1 个有多个逻辑驱动器的扩展磁盘分区。可以在不同的主磁盘分区安装不同的系统，以实现多系统引导。

2）扩展磁盘分区

扩展磁盘分区是相对于主磁盘分区而言的一种分区类型。一块硬盘可以将除主磁盘分区外的所有磁盘空间划为扩展磁盘分区。在扩展磁盘分区中可以创建一个或多个逻辑驱动器。

3）逻辑驱动器

逻辑驱动器是在扩展磁盘分区中创建的分区。逻辑驱动器类似于主磁盘分区，只是每块磁盘最多只能有 4 个主磁盘分区，而在每块磁盘上创建的逻辑驱动器的数目不受限制。逻辑驱动器可以被格式化并被指派驱动器号。

5.1.2　任务实施

基本磁盘管理的主要任务是查看分区情况，并根据实际需求添加、删除、格式化分区，指派、更改或删除驱动器号，以及将分区标记为活动分区等。下面介绍利用磁盘管理工具对基本磁盘进行管理。

很多人习惯使用 MS-DOS 提供的磁盘管理工具 Fdisk.exe，这个命令操作简单。但是，在 Windows Server 2016 中并没有该命令行工具，因为这个命令行工具的功能过于简单，无法完成磁盘的复杂管理，所以在 Windows Server 2016 中取而代之的是 diskpart.exe。diskpart.exe 在之前的 Windows Server 2012 中已经出现，使用该命令行工具可以有效地管理复杂的磁盘系统。diskpart.exe 的运行界面如图 5.2 所示。

图 5.2　diskpart.exe 的运行界面

如果读者不熟悉命令的方式，也可以使用图形化界面的磁盘管理工具。下面使用"计算机管理"窗口来完成常见的磁盘管理任务。

选择"开始→管理工具→计算机管理"命令，打开"计算机管理"窗口，展开窗口左窗格中的"存储"，单击"磁盘管理"，在窗口的右窗格中将显示计算机的磁盘信息，如图 5.3 所示。

1．创建分区

创建分区主要包括以下 5 个步骤。

（1）要在可用的磁盘空间上创建主磁盘分区，可以在磁盘的可用空间或未分配空间上右击，在弹出的快捷菜单中选择"新建简单卷"命令，如图 5.4 所示，打开"新建简单卷向导"对话框。

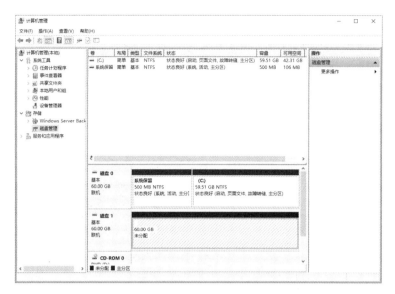

图 5.3　计算机的磁盘信息

图 5.4　选择"新建简单卷"命令

（2）单击"下一步"按钮，打开"指定卷大小"界面（见图 5.5），需要指定该磁盘分区的大小。磁盘分区的大小介于磁盘可用空间的最大值和最小值之间。单击"下一步"按钮。

（3）打开"分配驱动器号和路径"界面，如图 5.6 所示。磁盘分区可以指定为驱动器号，也可以指定为其他磁盘驱动器中的路径。如果用户不希望磁盘分区使用任何驱动器号或磁盘路径，也可以不指定。默认的驱动器号为一个英文字母，这里指定为 E。单击"下一步"按钮。

（4）打开"格式化分区"界面，用户可以设置是否执行格式化分区，磁盘驱动器必须格式化后才能使用。可以设置格式化卷所用的文件系统、分配单元大小、卷标、执行快速格式化、启用文件和文件夹压缩等选项，如图 5.7 所示。

图 5.5 "指定卷大小"界面　　　　　　图 5.6 "分配驱动器号和路径"界面

图 5.7 "格式化分区"界面

（5）系统将显示所创建的分区信息。单击"完成"按钮，完成磁盘分区向导。"新加卷（E:）"为新建的主磁盘分区，如图 5.8 所示。

图 5.8 新加卷（E:）

2．格式化分区

磁盘分区只有格式化之后才能使用，在创建分区时就可以选择是否进行格式化。用户还可以在任何时候对分区进行格式化，右击需要格式化的驱动器，在弹出的快捷菜单中选择"格式化"命令，同时选择要使用的文件系统，如 FAT、FAT32 或 NTFS，如图 5.9 所示。当格式化完成之后，就可以使用该磁盘分区。

图 5.9　"格式化 E："对话框

3．删除分区

如果某个分区不再使用，则可以删除。在磁盘管理器中，先右击需要删除的分区，然后在弹出的快捷菜单中选择"删除卷"命令，按照操作向导提示完成操作。删除分区后，分区上的数据将全部丢失，所以删除分区前应仔细确认。如果待删除分区是扩展磁盘分区，则删除扩展磁盘分区上的逻辑驱动器后才能删除扩展分区。

4．扩展基本卷

可以向现有的主分区和逻辑驱动器添加更多空间，方法是在同一磁盘上将现有的主分区和逻辑驱动器扩展到邻近的未分配空间。若要扩展基本卷，则必须是原始卷或使用 NTFS 格式的卷。可以在包含连续可用空间的扩展分区中扩展逻辑驱动器。当逻辑驱动器扩展到超过扩展分区中提供的可用空间时，扩展分区将会增加以使其包含逻辑驱动器。

对于逻辑驱动器、启动卷或系统卷，可以将卷仅扩展到临近的空间中，并且仅当磁盘能够升级至动态磁盘时才可以进行扩展。对于其他卷，可以将其扩展到非连续空间，但系统会提示用户将磁盘转换为动态磁盘。具体的操作步骤如下。

（1）在"磁盘管理"界面中，右击要扩展的基本卷，在弹出的快捷菜单中选择"扩展卷"命令（见图 5.10），打开"扩展卷向导"对话框。

图 5.10　选择"扩展卷"命令

（2）在"选择磁盘"界面中，先选择创建扩展卷的磁盘，并指定磁盘上卷容量的大小，然后按照向导提示进行操作，最后完成扩展卷的创建。这里选择在"磁盘 1"上创建 10 000MB 的容量，如图 5.11 所示。

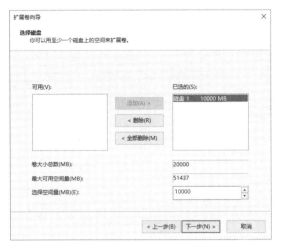

图 5.11　扩展卷

（3）创建的扩展卷如图 5.12 所示。该操作会将创建扩展卷的磁盘转换为动态磁盘。

图 5.12　创建的扩展卷

注意：如果要扩展基本卷，那么磁盘必须是原始卷（未使用文件系统进行格式化）或已使用 NTFS 进行了格式化。

如果磁盘不包含启动分区或系统分区，那么用户可以将卷扩展到其他非启动磁盘或非系统磁盘，但是它将被转换为动态磁盘（如果磁盘可以升级）。

5. 压缩基本卷

压缩基本卷可以减少用于主分区和逻辑驱动器的空间，具体方法是，在同一磁盘上将主分区和逻辑驱动器收缩到邻近的连续未分配空间。例如，如果需要一个另外的分区却没有多余的磁盘，则可以从卷结尾处收缩现有分区，进而创建新的未分配空间，可以将这部分空间用于新的分区。

当收缩分区时，将在磁盘上自动重定位一般文件以创建新的未分配空间。收缩分区无须重新格式化磁盘。具体的操作步骤如下。

（1）在"磁盘管理"界面中，右击要扩展的基本卷，在弹出的快捷菜单中选择"压缩卷"命令，打开"压缩卷向导"对话框。

（2）在如图 5.13 所示的对话框中可以设置"输入压缩空间量"，单击"压缩"按钮即可完成操作。

注意：

（1）当收缩分区时，不会自动重定位不可移动的文件（如页面文件或卷影副本存储区域），减少未分配空间时不能超出不可移动文件所在的位置。如果需要进一步收缩分区，则需要将页面文件移至其他磁盘中，删除存储的卷影副本，收缩卷，并将页面文件移到该磁盘中。

图 5.13　压缩基本卷

（2）如果通过动态无效簇的重新映射检测出过多的无效簇，则无法收缩分区。如果出现这种情况，就应该考虑移动数据并替换磁盘。

（3）可以在原始分区（无文件系统的分区）或使用 NTFS 的分区上收缩主分区和逻辑驱动器。

5.2　任务 2　动态磁盘的管理

5.2.1　任务知识准备

在安装 Windows Server 2016 时，硬盘将自动初始化为基本磁盘。但是，不能在基本磁盘分区中创建新卷集、条带集或 RAID-5 卷，只能在动态磁盘上创建类似的磁盘配置。也就是说，如果想创建 RAID-0 卷、RAID-1 卷或 RAID-5 卷，就必须使用动态磁盘。在 Windows Server 2016 安装完成后，可以使用升级向导将基本磁盘转换为动态磁盘。

在将一块磁盘从基本磁盘转换为动态磁盘后，磁盘上包含的就是卷，而不再是磁盘分区。其中的每个卷是硬盘驱动器上的一个逻辑部分，还可以为每个卷指定一个驱动器字母或挂接点。但是需要注意的是，只能在动态磁盘上创建卷。

动态磁盘和动态卷可以提供一些基本磁盘不具备的功能，如创建可跨磁盘的卷和具有容错能力的卷。所有动态磁盘上的卷都是动态卷。动态磁盘优于基本磁盘的特点如下。

（1）卷可以扩展到包含非邻近的空间，这些空间可以在任何可用的磁盘上。

（2）对每块磁盘上可以创建的卷的数目没有任何限制，而基本磁盘受 26 个英文字母的限制。

（3）Windows Server 2016 将动态磁盘配置信息存储在磁盘上，而不是存储在注册表中或其他位置。同时，这些信息不能被准确更新。Windows Server 2016 将这些磁盘配置信息复制到所有其他动态磁盘中。因此，单块磁盘的损坏不会影响访问其他磁盘中的数据。

一块硬盘既可以是基本磁盘，也可以是动态磁盘，但不能二者兼是，因为在同一磁盘中不能组合多种存储类型。如果计算机有多块硬盘，则可以将各块硬盘分别配置为基本磁盘或动态磁盘。

卷是动态磁盘管理中一个非常重要的概念。卷相当于基本磁盘的分区，是 Windows Server 2016 的数据存储单元。基本磁盘与动态磁盘的对应关系如表 5.1 所示。Windows Server 2016 支持 5 种类型的动态卷，即简单卷、跨区卷、带区卷、镜像卷（即 RAID-1 卷）和 RAID-5 卷，其中，RAID-1 卷和 RAID-5 卷是容错卷。

表 5.1　基本磁盘与动态磁盘的对应关系

基本磁盘	动态磁盘	基本磁盘	动态磁盘
分区	卷	扩展磁盘分区	卷和未分配空间
活动分区	活动卷	逻辑驱动器	简单卷
系统和启动分区	系统和启动卷		

1．简单卷

简单卷由单块物理磁盘上的磁盘空间组成，可以由磁盘上的单个区域或连接在一起的相同磁盘上的多个区域组成。可以在同一磁盘中扩展简单卷或把简单卷扩展到其他磁盘。如果跨多块磁盘扩展简单卷，则该卷就是跨区卷。

只能在动态磁盘上创建简单卷。简单卷既不能包含分区或逻辑驱动器，也不能由 Windows Server 2016 以外的其他 Windows 操作系统访问。

如果想在创建简单卷后增加它的容量，则可以通过磁盘上剩余的未分配空间来扩展这个卷。如果要扩展一个简单卷，则该卷必须使用 Windows Server 2016 中所用的 NTFS 格式化。不能扩展基本磁盘上的空间作为以前分区的简单卷，但可以将简单卷扩展到同一计算机的其他磁盘的区域中。当将简单卷扩展到一块磁盘或多块其他磁盘时，这个简单卷会变成一个跨区卷。在扩展跨区卷之后，如果不删除整个跨区卷，就不能将它的任何部分删除。需要注意的是，跨区卷不能是 RAID-1 卷或带区卷。

2．带区卷

带区卷是由两块或多块磁盘（最多 32 块磁盘）中的空余空间组成的，在向带区卷中写入数据时，数据先被分割成 64KB 的数据块，然后同时向阵列中的每块磁盘写入不同的数据块。这个过程显著提高了磁盘效率和性能，但是，带区卷不提供容错功能。

3．跨区卷

跨区卷可以将来自两块或更多块磁盘（最多为 32 块磁盘）的剩余磁盘空间组成一个卷。与带区卷不同的是，将数据写入跨区卷时，首先填满第一块磁盘上的剩余部分，然后将数据写入下一块磁盘，以此类推。虽然利用跨区卷可以快速增加卷的容量，但是跨区卷既不能提高对磁盘数据的读取性能，也不提供任何容错功能。当跨区卷中的某块磁盘出现故障时，存储在该磁盘上的所有数据将全部丢失。

5.2.2 任务实施

1. 将基本磁盘转换为动态磁盘

Windows Server 2016 安装完成后默认的磁盘类型是基本磁盘，将基本磁盘转换为动态磁盘的方法有 Windows 界面和命令行两种。下面介绍在 Windows 界面进行转换的方法。

（1）选择"开始→管理工具→计算机管理"命令，打开"计算机管理"窗口，单击左窗格中的"磁盘管理"，在右窗格中显示的是计算机的磁盘信息，如图 5.14 所示。

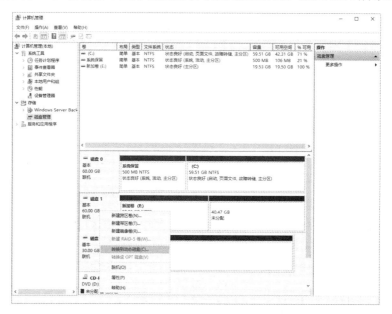

图 5.14　计算机的磁盘信息

（2）在"磁盘管理"界面中，右击待转换的基本磁盘，在弹出的快捷菜单中选择"转换到动态磁盘"命令。

（3）打开"转换为动态磁盘"对话框，先选中欲转换的磁盘（见图 5.15），然后单击"确定"按钮，完成转换。

转换完成后，在"磁盘管理"界面中会看到，原磁盘创建出简单卷，剩余分区为未分配，如图 5.16 所示。

如果待转换的基本磁盘上存在分区并安装了其他可启动的

图 5.15　选中欲转换的磁盘

操作系统，那么转换前操作系统会显示警告提示："如果将这些磁盘转换为动态磁盘，您将无法从这些磁盘上的卷启动其他已安装的操作系统。"如果单击"是"按钮，那么操作系统提示欲转换磁盘上的文件系统将被强制卸载，要求用户对该操作进一步确认。转换完成后，会提示重新启动操作系统。

在转换为动态磁盘时，应该注意以下几个问题。

（1）必须以管理员或管理组成员的身份登录才能完成该过程。如果计算机与网络连接，则网络策略设置也有可能妨碍转换。

（2）将基本磁盘转换为动态磁盘后，不能将动态卷改回到基本分区。这时唯一的方法是必须删除磁盘上的所有动态卷，并使用"还原为基本磁盘"命令。

图 5.16　"磁盘管理"界面

（3）在转换磁盘之前，应该先关闭在磁盘上运行的程序。

（4）为保证转换成功，任何要转换的磁盘都必须至少包含 1MB 的未分配空间。在磁盘上创建分区或卷时，"磁盘管理"工具将自动保留这个空间。但是，在其他操作系统中创建的分区或卷的磁盘可能就没有这个空间。

（5）扇区容量超过 512B 的磁盘，不能从基本磁盘升级为动态磁盘。

（6）一旦升级完成，动态磁盘既不能包含分区或逻辑驱动器，也不能被非 Windows Server 2016 的其他操作系统访问。

2．将动态磁盘转换为基本磁盘

要将动态磁盘转换为基本磁盘，需要先执行删除卷的操作。如果不删除动态磁盘上的所有卷，那么转换操作将不能执行。

在"磁盘管理"界面中，右击需要转换成基本磁盘的动态磁盘上的每个卷，在每个卷对应的快捷菜单中选择"删除卷"命令。在所有卷被删除之后，右击该磁盘，在弹出的快捷菜单中选择"转化成基本磁盘"命令。根据向导提示完成操作，将动态磁盘转换为基本磁盘后，原磁盘上的数据将全部丢失并且不能恢复。

3．带区卷的创建

可以选择在两块动态磁盘上创建带区卷，每块磁盘使用 100MB，创建后共有 200MB 的磁盘空间。

（1）在"磁盘管理"界面中，右击需要创建带区卷的动态磁盘的未分配空间，在弹出的快捷菜单中选择"新建带区卷"命令，如图 5.17 所示，打开"新建带区卷"对话框。

（2）单击"下一步"按钮，打开"选择磁盘"界面，如图 5.18 所示。先选择创建跨区卷的动态磁盘，并指定动态磁盘上的卷容量大小，然后按照向导提示操作，最后完成带区卷的创建，如图 5.19 所示。

图 5.17 新建带区卷

图 5.18 "选择磁盘"界面

图 5.19 创建好的带区卷

4．跨区卷的创建

跨区卷的创建步骤如下。

（1）在"磁盘管理"界面中，右击需要创建跨区卷的动态磁盘的未分配空间，在弹出的快捷菜单中选择"新建跨区卷"命令，打开"新建跨区卷"对话框。

（2）打开"选择磁盘"界面。先选择创建跨区卷的动态磁盘，并指定动态磁盘上的卷容量大小，然后按照向导提示操作，最后完成跨区卷的创建。这里选择在"磁盘 1"上创建 1000MB，在"磁盘 2"上创建 500MB，总共 1500MB 的容量，如图 5.20 所示。

图 5.20　选择跨区卷的动态磁盘及容量

（3）创建好的跨区卷如图 5.21 所示。如果在扩展简单卷时选择了与简单卷不在同一动态磁盘上的空间，并确定了扩展卷的空间容量，那么扩展完成后，原来的简单卷就成为一个新的跨区卷。跨区卷也可以使用类似扩展简单卷的方法扩展卷的容量。

图 5.21　创建好的跨区卷

5.3 任务3 RAID-1卷和RAID-5卷的创建

5.3.1 任务知识准备

RAID（Redundant Array of Inexpensive Disks，廉价磁盘冗余阵列）把多块物理硬盘按照不同的方式组合起来形成一个逻辑硬盘组，从而提供比单块硬盘更高的存储性能和数据冗余技术。组成磁盘阵列不同的方式称为RAID级别。Windows Server 2016内嵌了软件的RAID-0卷、RAID-1卷和RAID-5卷。

1．RAID-1卷

RAID-1卷是一种在两块磁盘上实现的数据冗余技术。利用RAID-1卷，可以将用户的相同数据同时复制到两块物理磁盘中。如果其中的一块物理磁盘出现故障，虽然该磁盘中的数据无法使用，但系统能够继续使用尚未损坏且正常运转的磁盘进行数据的读/写操作，通过在另一块磁盘中保留完全冗余的副本，保护磁盘中的数据免受介质故障的影响。由此可见，RAID-1卷的磁盘空间利用率只有50%（每组数据有两个成员），所以RAID-1卷的成本相对较高。

要创建一个RAID-1卷，必须使用另一块磁盘上的可用空间。动态磁盘中现有的任何卷，包括系统卷和引导卷，都可以使用相同的或不同的控制器镜像到其他磁盘上容量相同或更大的另一个卷。最好使用容量、型号和制造厂家都相同的磁盘作为RAID-1卷，以避免可能出现的兼容性问题。

使用RAID-1卷可以大大增强读性能，因为容错驱动程序同时从两块磁盘中读取数据，所以读取数据的速度会有所提高。当然，因为容错驱动程序必须同时向两块磁盘中写数据，所以它的写性能会略有降低。RAID-1卷可以包含任何分区（包括启动分区或系统分区），但是RAID-1卷中的两块硬盘都必须是Windows Server 2016动态磁盘。

2．RAID-5卷

在RAID-5卷中，Windows Server 2016通过为该卷的每个硬盘分区添加奇偶校验信息带区来实现容错。如果某块硬盘出现故障，Windows Server 2016便可以用其余硬盘中的数据和奇偶校验信息重建发生故障的硬盘中的数据。

因为要计算奇偶校验信息，所以RAID-5卷上的写操作比RAID-1卷上的写操作慢一些。但是，RAID-5卷比RAID-1卷提供的读性能更好。这是因为，Windows Server 2016可以从多块磁盘中同时读取数据。与RAID-1卷相比，RAID-5卷的性价比较高，并且RAID-5卷中的硬盘数量越多，冗余数据带区的成本越低。因此，RAID-5卷广泛应用于存储环境。

RAID-5卷至少需要3块硬盘才能实现，但最多不能超过32块硬盘。与RAID-1卷不同，RAID-5卷不能包含根分区或系统分区。RAID-1卷与RAID-5卷的比较如表5.2所示。

表5.2　RAID-1卷与RAID-5卷的比较

比较项目	RAID-1卷	RAID-5卷
硬盘数量	2块	3～32块
硬盘利用率	1/2	$(n-1)/n$（n为硬盘数量）
写性能	较好	适中
读性能	较好	优异

比较项目	RAID-1 卷	RAID-5 卷
占用系统内存	较少	较多
能否保护系统或启动分区	能	不能
每兆字节的成本	较高	较低

5.3.2 任务实施

RAID-1 卷和 RAID-5 卷的创建过程类似，下面只介绍 RAID-1 卷的创建过程，RAID-5 卷的创建由读者自己完成。创建 RAID-1 卷的步骤如下。

（1）在"磁盘管理"界面中，右击需要创建跨区卷的动态磁盘的未分配空间，在弹出的快捷菜单中选择"新建镜像卷"命令，打开"新建镜像卷"对话框。

（2）打开"选择磁盘"界面，如图 5.22 所示。这里选择在"磁盘 1"和"磁盘 2"上各使用 300MB 创建 RAID-1 卷，这样卷大小总数（有效存储容量）为 $600 \times (2-1)/2=300$（MB）。

图 5.22　设置创建 RAID-1 卷的磁盘及容量

（3）单击"下一步"按钮，为创建的 RAID-1 卷分配驱动器号，以便于管理和访问。

（4）单击"下一步"按钮，打开"卷区格式化"界面。单击"下一步"按钮，系统将询问是否允许将该磁盘转换为动态磁盘，选中"是"单选按钮，完成卷的创建。新创建的 RAID-1 卷如图 5.23 所示。

图 5.23　新创建的 RAID-1 卷

在 RAID-1 卷和 RAID-5 卷中，其中一块磁盘损坏不会造成数据的丢失。但是，在 RAID-5 卷中，如果有两块或两块以上的磁盘损坏，就会造成数据丢失。读者可以自行测试 RAID-1 卷和 RAID-5 卷的容错功能，这里不再赘述。

5.4　任务4　磁盘配额功能的实现

5.4.1　任务知识准备

在 Windows Server 2016 中，管理员在很多情况下都需要为客户端指定可以访问的磁盘配额，也就是限制用户可以访问服务器磁盘空间的容量。这样做的目的是避免个别用户滥用磁盘空间。

磁盘配额除限制内部网络用户能够访问服务器磁盘空间的容量外，还有其他一些用途。例如，如果 Windows Server 2016 内置的电子邮件服务器无法设置用户邮箱的容量，那么可以通过限制每个用户可用的磁盘空间容量来限制用户邮箱的容量；Windows Server 2016 内置的 FTP 服务器，无法设置用户可用的上传空间大小，此时也可以通过磁盘配额限制，限定用户能够上传到 FTP 服务器的数据量；通过磁盘配额限制 Web 网站中个人网页可以使用的磁盘空间。

Windows Server 2016 的磁盘配额功能对每个磁盘驱动器来说都是独立的。也就是说，用户在一个磁盘驱动器上使用了多少磁盘空间，对于另外一个磁盘驱动器上的配额限制并无影响。磁盘配额提供了一种管理用户可以占用的磁盘空间数量的方法。利用磁盘配额，可以根据用户所拥有的文件和文件夹来分配磁盘使用空间；可以设置磁盘配额、配额上限，以及对所有用户或单个用户的配额限制；还可以监视用户已经占用的磁盘空间和用户的配额剩余量，当用户安装应用程序时，将文件指定存放到启用配额限制的磁盘中，应用程序检测到的可用容量不是磁盘的最大可用容量，而是用户还可以访问的最大磁盘空间，这就是磁盘配额限制后的结果。在应用磁盘配额之前应该注意以下几点。

（1）磁盘卷必须使用 Windows Server 2016 中的 NTFS 格式化。

（2）只有管理员组（Administrators）的成员才能管理磁盘分区上的配额。

（3）启用文件压缩功能不影响配额统计。例如，如果用户 user1 限制使用 50MB 的磁盘空间，那么只能存储 50MB 的文件，即使该文件是压缩的。

在启用磁盘配额时，系统管理员可以设置以下两个值。

（1）磁盘配额限度：用于指定允许用户使用的磁盘空间容量。

（2）磁盘配额警告级别：用于指定接近用户配额限度的值。

当用户使用的磁盘空间达到磁盘配额限制的警告值时，Windows Server 2016 将警告用户磁盘空间不足。当用户使用的磁盘空间达到磁盘配额限制的最大值时，Windows Server 2016 将限制用户继续写入数据。

5.4.2　任务实施

1．启用磁盘配额

要启用磁盘配额，需要右击某分区，在弹出的快捷菜单中选择"属性"命令，打开"新加卷属性"对话框，切换至"配额"选项卡，勾选"启用配额管理"复选框，即可对磁盘配额进行配置，如图 5.24 所示。在"配额"选项卡中，通过检查交通信号灯图标并读取图标右边的状态信息，可以对配额的状态进行判断。交通信号灯的颜色和对应的状态如下。

（1）红色的交通信号灯表示没有启用磁盘配额。

（2）黄色的交通信号灯表示 Windows Server 2016 正在重建磁盘配额的信息。

（3）绿色的交通信号灯表示磁盘配额系统已经激活。

2．设置磁盘配额

在如图 5.24 所示的"配额"选项卡中，勾选"启用配额管理"复选框后可对其中的选项进行设置。

（1）拒绝将磁盘空间给超过配额限制的用户：如果勾选此复选框，那么超过其配额限制的用户将收到系统的"磁盘空间不足"错误信息，并且不能再在磁盘中写入数据，除非删除原有的部分数据。如果取消勾选该复选框，那么用户可以超过其配额限制。如果不想拒绝用户对卷的访问，但想跟踪每个用户的磁盘空间使用情况，则可以启用配额但不限制用户对磁盘空间的访问。

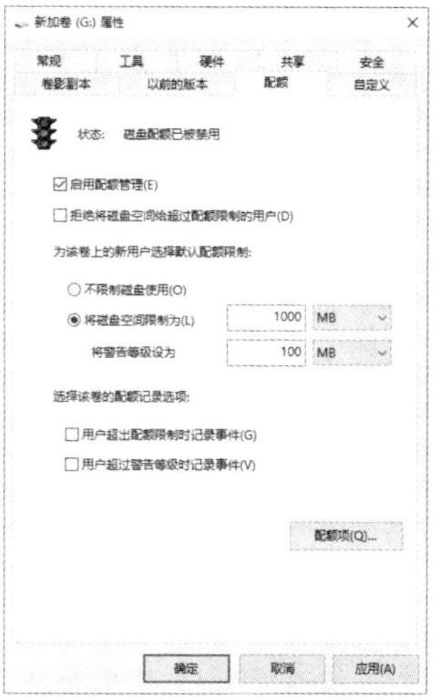

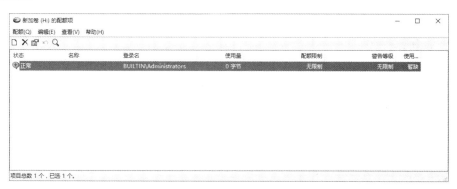

图 5.24　启用配额管理

（2）将磁盘空间限制为：设置用户访问磁盘空间的容量。如图 5.24 所示，设置为 1000MB，即用户可以使用的磁盘容量最大为 1000MB。

（3）将警告等级设为：设置当用户使用了多大的磁盘空间后将报警。如图 5.24 所示，设置为 100MB，也就是当用户存储的数据达到 100MB 后，将提示用户磁盘空间不足的信息。

（4）设置完成后，单击"确定"按钮，保存所做的设置，启用磁盘配额。

（5）启用磁盘配额之后，除管理员组成员外，所有用户都会受到这个卷上的默认配额的限制，管理员可以新增配额项，分配给用户不同的磁盘空间。单击图 5.24 中的"配额项"按钮，可以看到默认的磁盘配额项，本项目规定 BUILTIN\Administrators 组没有配额限制，如图 5.25 所示。

图 5.25　默认的磁盘配额项

3．设置用户配额项

可能有一些用户的磁盘配额比规定的默认限制大一些或小一些，还有一些用户不应加以任何限制。如果要为用户定制配额项，则可以选择"配额→新建配额项"命令，输入或选择需要设置磁盘配额的用户。这里设置用户 user1 对磁盘 G 有 200MB 的磁盘空间，如图 5.26 所示。这样，用户的配置限额将被重新设置，而不受默认配额的限制。

使用磁盘配额应遵循一定的原则，主要有以下 4 点。

（1）在默认情况下，管理员不受磁盘配额的限制。

（2）取消勾选"拒绝将磁盘空间给超过配额限制的用户"复选框，用户在超过限额后仍能继续存储数据，但系统可以通过监视磁盘的使用情况，做出相应的决策。

图 5.26　用户 user1 对磁盘 G 的配额

（3）通常需要在共享的磁盘卷上设置磁盘配额，以限制用户存储数据使用的空间。

（4）在删除用户的磁盘配额之前，该用户具有所有权的全部文件都必须删除，或者将所有权移交给其他用户。

实训 5　Windows Server 2016 的磁盘管理

一、实训目标

（1）熟悉 Windows Server 2016 基本磁盘的管理。

（2）掌握 Windows Server 2016 动态磁盘和基本磁盘的转换。

（3）掌握 Windows Server 2016 中 5 种卷类型的创建。

（4）熟悉 Windows Server 2016 磁盘配额的管理。

二、实训准备

（1）网络环境：已搭建好的 100Mbit/s 的以太网，包含交换机、超五类（或五类）UTP 直通线若干、两台或两台以上的计算机（具体数量可以根据学生人数安排）。

（2）计算机配置：CPU 为 Intel Pentium4 以上，内存不小于 1GB，硬盘剩余空间不小于 20GB，已安装 VMware Workstation 13 以上版本，并且安装了 Windows Server 2016。

三、实训步骤

（1）启用 VMware Workstation，在 Windows Server 2016 中创建 4 块磁盘。

（2）将磁盘 1～磁盘 3 转换为动态磁盘。

（3）分别创建简单卷、带区卷、跨区卷、RAID-1 卷和 RAID-5 卷。

（4）将简单卷、带区卷、跨区卷分别扩大 600MB。

（5）在 RAID-1 卷和 RAID-5 卷中分别存放一个文本文件。

（6）在 VMware Workstation 中禁用（相当于损坏）其中一块磁盘，并查看 RAID-1 卷和 RAID-5 卷中的文件是否还存在。

（7）先禁用 RAID-5 卷所用的其中两块磁盘，再看结果。

（8）对于磁盘配额功能，先设置用户 user1 限制磁盘空间的可用大小和警告等级，再测试结果。

习 题 5

一、填空题

1. Windows Server 2016 动态磁盘可以支持多种特殊的动态卷，包括_____、_____、_____、带区卷、RAID-1 卷等。

2. 常用的磁盘容错卷有_____和_____。

3. 要对磁盘进行分区，一般使用_____命令。

二、选择题

1. 在下列 Windows Server 2016 的所有磁盘管理类型中，运行速度最快的是（　　）。
   A．简单卷　　　　B．带区卷　　　　C．RAID-1 卷　　D．RAID-5 卷

2. 非磁盘阵列卷包括（　　）。
   ① 简单卷　② 跨区卷　③ 带区卷　④ RAID-1 卷
   A．①②　　　　　B．②③　　　　　C．①③　　　　　D．②④

3. 在 NTFS 中，（　　）可以限制用户对磁盘的使用量。
   A．活动目录　　　B．磁盘配额　　　C．文件加密　　　D．以上都不对

4. 基本磁盘包括（　　）。
   A．主分区和扩展分区　　　　　　B．主分区和逻辑分区
   C．扩展分区和逻辑分区　　　　　D．分区和卷

5. 扩展分区中可以包含一个或多个（　　）。
   A．主分区　　　　B．逻辑分区　　　C．简单卷　　　　D．跨区卷

三、简答题

1. 什么是基本磁盘和动态磁盘？
2. 有哪些卷类型？各自有何特点？
3. 试比较 RAID-1 卷和 RAID-5 卷的区别。
4. 什么是磁盘配额？
5. 使用磁盘配额应遵循哪些原则？

项目 6　架设 DNS 服务器

【项目情景】

北京某有机食品公司专门收购和销售各类有机食品。目前，该公司要做一个自己的网站，以方便员工、供货商、消费者各方面的协作，供货商可以把自己的有机食品的名称、产地、种植过程、数量等相关资料发布到公司网页上，消费者可以随时登录公司网站了解和选购有机食品。该公司已经配置好了 FTP、WWW 等信息服务，但需要通过 IP 地址的方式进行访问，而 IP 地址不便于记忆。除了 IP 地址，还可以通过什么方式来访问公司网站呢？如何给公司网站起一个容易记忆的网名，又如何让人们通过这个网名登录公司网站呢？

【项目分析】

（1）给公司网站起一个容易记忆的域名。

（2）增设一台 DNS 服务器以提供域名解析服务。

【项目目标】

（1）理解 DNS 的基本概念、域名的解析方式。

（2）学会 DNS 服务器和客户端的配置。

（3）学会根据应用需求配置 DNS 服务。

【项目任务】

任务 1　DNS 服务器的安装

任务 2　DNS 主要区域的创建

任务 3　反向查找区域及相关记录的创建

任务 4　DNS 客户端的配置和 DNS 的测试

任务 5　DNS 的高级应用

6.1　任务 1　DNS 服务器的安装

6.1.1　任务知识准备

1. DNS 的基本概念

DNS 即域名系统，是 Internet 上计算机命名的规范。DNS 服务器把计算机的名字（主机名）与其 IP 地址相对应。而 DNS 客户可以通过 DNS 服务器，根据计算机的主机名查询到

IP 地址，或者根据 IP 地址查询到主机名。DNS 服务器提供的这种服务称为域名解析服务。

在 Internet 上浏览网站时，使用的大都是便于用户记忆的称为主机名的友好名字。例如，网易的主机名为 www.163.com，用户在访问网易的网站时一般用 www.163.com，很少有人使用其 IP 地址。当使用 www.163.com 访问网易的网站时，必须先设法找到该服务器相应的 IP 地址，客户与服务器之间仍然是通过 IP 地址进行连接的，用于存储 Web 域名和 IP 地址并接受客户查询的计算机，称为 DNS 服务器。

DNS 是 Internet 和 TCP/IP 网络中广泛使用的、用于提供名字登记和名字到地址转换的一组协议与服务。DNS 服务免除了用户记忆枯燥的 IP 地址的烦恼，可以使用具有层次结构的友好名字来定位本地 TCP/IP 网络和 Internet 上的主机及其资源。DNS 通过分布式域名数据库系统，为管理大规模网络中的主机名和相关信息提供了一种稳健的方法。

2. DNS 域名的结构

DNS 的命名系统是一种称为域名空间（Domain Name Space）的层次性的逻辑树形结构，犹如一棵倒立的树，树根在最上面。域名空间的根由 Internet 域名管理机构 InterNIC 负责管理。InterNIC 负责划分数据库的名字信息，使用域名服务器（DNS 服务器）来管理域名，每台 DNS 服务器中有一个数据库文件，其中包含域名树中某个区域的记录信息。

Internet 将所有联网主机的名字空间划分为许多不同的域。树根（root）下是最高一级的域，再往下是二级域、三级域，最高一级的域名称为顶级（或称为一级）域名。例如，在域名 www.south.contoso.com 中，com 是顶级域名，contoso 是二级域名，south 是三级域名（也称为子域域名），而 www 是主机名。各级域名的说明及范例如表 6.1 所示。DNS 的层次结构如图 6.1 所示。

表 6.1　各级域名的说明及范例

名称类型	说明	范例
根域	该名称位于域层次结构的最高层，在 DNS 域名中使用时有尾部句点	如 www.contoso.com.
顶级域	该名称由两个或 3 个字母组成，用于表示国家（地区）或使用名称的单位类型	.com，表示在 Internet 上从事商业活动的公司的名称
二级域	表示在 Internet 上使用而注册到个人或单位的长度可变名称。这些名称始终基于相应的顶级域，取决于单位的类型或使用的名称所在的地理位置	contoso.com.，是由 Internet DNS 域名注册人员注册到 Microsoft 的二级域名
子域	单位可创建的其他名称，这些名称从已注册的二级域名中派生	south.contoso.com.是由 contoso 指派的虚拟子域，用于文档名称范例中
主机或资源名称	代表 DNS 域名树中的末端节点，并且表示特定资源的名称。DNS 域名最左边的标号一般标识为网络上的特定计算机	www.south.contoso.com，其中第一个标号（www）是网络上特定计算机的 DNS 主机名

如图 6.1 所示，FQDN 称为完全合格的域名（Fully Qualified Domain Name），也称为完整域名，www.south.contoso.com 就是完整域名。

DNS 域名是按组织来划分的，Internet 中最初规定的顶级域名有 7 个，其中，.com 代表商业机构，.edu 代表教育机构，.mil 代表军事机构，.gov 代表政府部门，.net 代表提供网络服务的部门，.org 代表非商业机构，.int 代表国际组织。此外，还有 200 多个代表国家或地区的顶级域名，如.cn 代表中国。ICANN 分别在 2000 年和 2005 年新增了多个域名，如.info（提供信息服务的单位）、.biz（公司）、.name（个人）、.pro（专业人士）、.museum（博物馆）、.coop（商业合作机构）和.aero（航空业）、.jobs（求职网站）、.mobi（移动电话设备网站）等。

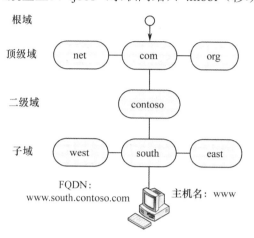

图 6.1　DNS 的层次结构

在一般情况下，可以向提供域名注册服务的网站在线申请域名。例如，可以在中国互联网络信息中心的网站上查看并注册域名。企业在需要部署自己的 DNS 服务器、需要安装 Active Directory 或希望 Internet 用户对企业内部计算机进行访问时，必须架设 DNS 服务器。

3. DNS 的工作原理和 DNS 域名的解析方式

在 Internet 各级域中，都有相应的 DNS 服务器记录域中计算机的域名和 IP 地址。如果想通过域名访问某台计算机，则访问者的计算机必须通过查询域中的 DNS 服务器，得知被访问计算机的 IP 地址，这样才能实现。这时，对于 DNS 服务器而言，访问者的计算机称为 DNS 客户端。

DNS 客户端向 DNS 服务器提出查询，DNS 服务器做出响应的过程称为域名解析。

1）正向解析与反向解析

DNS 客户端向 DNS 服务器提交域名查询 IP 地址，或者 DNS 服务器向另一台 DNS 服务器（提出查询的 DNS 服务器相对而言也是 DNS 客户端）提交域名查询 IP 地址，DNS 服务器做出响应的过程称为正向解析。

反之，DNS 客户端向 DNS 服务器提交 IP 地址查询域名，DNS 服务器做出响应的过程称为反向解析。

2）递归查询与迭代查询

根据 DNS 服务器对 DNS 客户端的不同响应方式，域名解析可分为两种类型：递归查询和迭代查询。

递归查询是 DNS 查询类型中最简单的一种。在一个递归查询中，服务器会发送返回客户请求的信息，或者返回指出该信息不存在的错误信息。DNS 服务器不会尝试联系其他服务器以获取信息。例如，客户机需要查询 www.contoso.com 所对应的 IP 地址，本地 DNS 服务器接到客户端的 DNS 请求后，为客户端返回 www.contoso.com 所对应的 IP 地址 172.16.1.1，递归查询如图 6.2 所示。

迭代查询是域名服务器返回它们具有的最好的信息。虽然一台 DNS 服务器可能不知道某个友好的名字的 IP 地址，但它知道可能具有要找的 IP 地址的域名服务器的 IP 地址，所以它将信息返回。一个迭代查询的响应就像一台 DNS 服务器说："我不知道你找的 IP 地址是多少，但是我知道位于 10.1.2.3 的域名服务器并可以告诉你。"

如图 6.3 所示，这是本地域名服务器使用迭代查询为客户解析地址的示例。

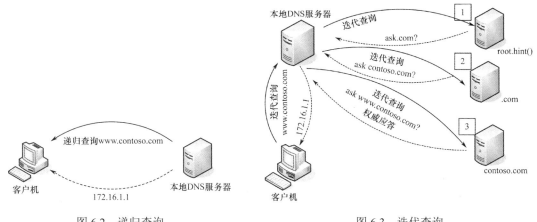

图 6.2　递归查询　　　　　　　　　图 6.3　迭代查询

（1）本地域名服务器（DNS 服务器）从一个客户系统接收到一个要对友好的名字（如 www.contoso.com）进行域名解析的请求。

（2）本地域名服务器检查自己的记录。如果找到 IP 地址，就返回给客户；如果没有找到 IP 地址，本地域名服务器继续执行下面的步骤。

（3）本地域名服务器向根（root）域名服务器发送一个迭代请求。

（4）根域名服务器为本地域名服务器提供顶级域名服务器（.com、.net 等）的地址。

（5）本地域名服务器向顶级域名服务器发送一个迭代查询。

（6）顶级域名服务器向本地域名服务器回答管理友好名字（如 contoso.com）的域名服务器的 IP 地址。

（7）本地域名服务器向友好名字的域名服务器发送一个迭代查询。

（8）友好名字的域名服务器提供查找的友好名字（www.contoso.com）的 IP 地址。本地域名服务器将这个 IP 地址传给客户。

这看上去很复杂，但处理过程可以在瞬间完成。或者如果没有找到 IP 地址，就返回给客户 "404" 错误信息。

3）DNS 反向查询

反向查询依据 DNS 客户端提供的 IP 地址来查询该 IP 地址对应的主机域名。实现反向查询必须在 DNS 服务器内创建一个反向查询的区域。在 Windows Server 2016 的 DNS 服务器中，该区域名称的最后部分为 in-addr.arpa。

一旦创建的区域进入 DNS 数据库中，就会增加一个指针记录，将 IP 地址与相应的主机名相关联。换句话说，当查询 IP 地址为 192.168.1.1 的主机名时，解析程序将向 DNS 服务器查询 1.1.168.192.in-addr.arpa 的指针记录。如果该 IP 地址在本地域之外，那么 DNS 服务器将从根开始按顺序解析节点，直到找到 1.1.16.172.in-addr.arpa。

当创建反向查询区域时，系统会自动为其创建一个反向查询区域文件。

4）缓存与生存时间

在 DNS 服务器处理一个递归查询的过程中，可能需要发出多个查询请求以找到所需的数据。DNS 服务器允许对此过程中接收到的所有信息进行缓存。当 DNS 服务器向其他 DNS 服务器查询到 DNS 客户端所需要的数据后，除将此数据提供给 DNS 客户端外，还将此数据保存到自己的缓存中一份，以便下一次有 DNS 客户端查询相同数据时可以直接从缓存中调用，这样就加快了处理速度，并且能减轻网络的负担。保存在 DNS 服务器缓存中的数据能够存在一段时间，这段时间称为生存时间（Time To Live，TTL）。另外，掉电后缓存中的数据也会丢失。

TTL 的长短可以在保存该数据的主要域名服务器中进行设置。当 DNS 服务器将数据保存到缓存中以后，TTL 就会开始递减。只要 TTL 的值变为 0，DNS 服务器就会将此数据从缓存中抹去。在设置 TTL 的值时，如果数据变化很快，TTL 的值可以设置得小一些，这样可以保证网络中数据更好地保持一致。但是，当 TTL 的值太小时，DNS 服务器的负载就会增加。

4. DNS 服务器的类型

1）主要 DNS 服务器

当 DNS 服务器管理主要区域时，将其称为主要 DNS 服务器。主要 DNS 服务器是主要区域的集中更新源。可以部署以下两种模式的主要区域。

（1）标准主要区域。

标准主要区域的区域内容存放在本地文件中，只有主要 DNS 服务器可以管理该 DNS 区域，即单点更新。因此，在主要 DNS 服务器出现故障时，对这个主要区域不能再进行修改。标准主要区域只支持非安全的动态更新，而辅助 DNS 服务器还可以答复 DNS 客户端的解析请求。

（2）AD DS 集成主要区域。

AD DS 集成主要区域仅在域控制器上部署 DNS 服务器时有效。此时，区域数据存放在 AD DS 中，随着 AD DS 数据的复制而复制。在默认情况下，每台运行在域控制器上的 DNS 服务器都将成为主要 DNS 服务器，并且可以修改 DNS 区域中的数据，进行多点更新，避免标准区域出现单点故障。AD DS 集成主要区域支持安全更新。

2）辅助 DNS 服务器

在 DNS 服务设计中，针对每个区域，建议至少使用两台 DNS 服务器进行管理，其中，一台作为主要 DNS 服务器，另一台作为辅助 DNS 服务器。

当 DNS 管理辅助区域时，它就成为辅助 DNS 服务器。使用 DNS 服务器的好处在于可以实现负载均衡和避免单点故障。辅助 DNS 服务器用于获取区域数据的源 DNS 服务器称为主服务器，主服务器可以由主要 DNS 服务器或其他辅助 DNS 服务器来担任；当创建辅助区域时，将要求用户指定主服务器。在辅助 DNS 服务器和主服务器之间存在区域复制，用于从主服务器更新区域数据。

辅助 DNS 服务器是根据区域类型的不同而得出的概念。在配置 DNS 客户端使用的 DNS 服务器时，管理辅助区域的 DNS 服务器可以配置 DNS 客户端，管理主要区域的 DNS 服务器也可以配置为 DNS 客户端的辅助 DNS 服务器。

3）存根 DNS 服务器

管理存根区域的 DNS 服务器称为存根 DNS 服务器。在一般情况下，不需要单独部署存根 DNS 服务器，而是和其他 DNS 服务器类型合用。在存根 DNS 服务器和主服务器之间同样存在区域复制。

4）缓存 DNS 服务器

缓存 DNS 服务器即没有管理任何区域的 DNS 服务器，不会产生区域复制。它只能缓存 DNS 名字，使用缓存的信息来管理 DNS 客户端的解析请求。刚安装好的 DNS 服务器就是缓存 DNS 服务器。缓存 DNS 服务器可以通过缓存减少 DNS 客户端访问外部 DNS 服务器的网络流量，并且可以减少 DNS 客户端解析域名的时间。

6.1.2 任务实施

在安装 Active Directory 域服务器时，可以选择一起安装 DNS 服务器，或者可以在安装 Windows Server 2016 的计算机上通过"服务器管理器"窗口直接开始安装 DNS 服务器，具体的操作步骤如下。

（1）设置 DNS 服务器的 TCP/IP 属性，手动配置 IP 地址、子网掩码、默认网关和 DNS 服务器的 IP 地址，如图 6.4 和图 6.5 所示。

图 6.4　设置 DNS 服务器的 TCP/IP 属性　　图 6.5　"Internet 协议版本 4（TCP/IPv4）属性"对话框

（2）使用管理员账号登录需要安装 DNS 服务器的计算机，在"服务器管理器"窗口中，单击"仪表板"，在窗口的右窗格中单击"添加角色和功能"链接，打开"添加角色和功能向导"窗口。在"选择服务器角色"界面中，勾选"DNS 服务器"复选框，如图 6.6 所示。

（3）单击"下一步"按钮，打开"DNS 服务器"界面，在该界面中显示 DNS 服务器的简介和注意事项，如图 6.7 所示。

图 6.6　勾选 "DNS 服务器" 复选框

图 6.7　"DNS 服务器" 界面

（4）单击 "下一步" 按钮，打开 "确认安装所选内容" 界面，如图 6.8 所示，在域控制器上安装 DNS 服务器，区域将与 Active Directory 域服务器集成在一起。

图 6.8　"确认安装所选内容" 界面

（5）单击"安装"按钮，开始安装 DNS 服务器，安装完毕后显示如图 6.9 所示的"安装进度"界面，单击"关闭"按钮完成 DNS 服务器的安装。

图 6.9 "安装进度"界面

6.2 任务 2 DNS 主要区域的创建

当安装 DNS 服务器后，还需要在其中创建区域和区域文件，以便将位于该区域内的主机数据添加到区域文件中。

6.2.1 任务知识准备

1. 区域类型

在 Windows Server 2016 中，DNS 区域也同 Windows Server 2003 一样，分为正向查找区域和反向查找区域两大类。

（1）正向查找区域：用于 FQDN 到 IP 地址的映射，当 DNS 客户端请求解析某个 FQDN 时，DNS 服务器在正向查找区域中进行查找，并返回给 DNS 客户端对应的 IP 地址。

（2）反向查找区域：用于 IP 地址到 FQDN 的映射，当 DNS 客户端请求解析某个 IP 地址时，DNS 服务器在反向查找区域中进行查找，并返回给 DNS 客户端对应的 FQDN。

每类区域又可以分为主要区域、辅助区域和存根区域 3 种类型。

（1）主要区域。主要区域保存的是该区域内所有主机数据的原始信息（正本），该区域文件采用标准的 DNS 格式，一般为文本文件。当在 DNS 服务器上创建一个主要区域和区域文件后，这台 DNS 服务器就是这个区域的主要域名服务器。主要区域文件默认命名为 zone_name.dns，并且位于服务器的%windir%\System32\Dns 文件夹中。

（2）辅助区域。辅助区域保存的是该区域内所有主机数据的复制文件（副本），该副本是从主要区域复制过来的。保存此副本数据的文件也是一个标准的 DNS 格式的文本文件，并且是一个只读文件。当在一个区域内创建一个辅助区域后，这台 DNS 服务器就是这个区域的辅助域名服务器。由于辅助区域只是在另一台服务器上承载主要区域的副本，因此不能存储在 AD DS 中。

（3）存根区域。创建包括域名服务器（Name Server，NS）、授权启动（Start Of Authority，SOA）及主机（Host，A）记录的区域副本，包含存根区域的服务器无权管理该区域。

2. 常见资源记录的类型

区域文件包含一系列资源记录（Resource Record，RR）。每条记录都包含 DNS 域中主机或服务的特定信息。DNS 客户端需要来自域名服务器的一条信息时，就会查询资源记录。例如，如果用户需要 www.linite.com 服务器的 IP 地址，就会向 DNS 服务器发送一个请求，检索 DNS 服务器的 A 记录（又称主机记录）。DNS 服务器先在一个区域中查找主机记录，然后将记录的内容复制到 DNS 应答中，并将这个应答发送给客户端，从而响应客户端的请求。常见的资源记录及作用如表 6.2 所示。

表 6.2　常见的资源记录及作用

名称	作用
SOA	开始授权记录，记录该区域的版本号，用于判断主要服务器和次要服务器是否进行复制
NS	域名服务器记录，定义网络中其他的 DNS 域名服务器
A	主机记录，定义网络中的主机名称，将主机名称和 IP 地址对应
PTR	指针记录，定义从 IP 地址到特定资源的对应，用于反向查询
CNAME	别名记录，定义资源记录名称的 DNS 域名，常见的别名是 WWW、FTP 等，如网易的域名是 www.cache.split.netease.com，别名是 www.163.com
SRV	服务记录，指定网络中某些服务提供商的资源记录，主要用于标识 Active Directory 域控制器
MX	邮件交换记录，指定邮件交换主机的路由信息

DNS 服务器区域创建完成后，还需要添加主机记录才能真正实现 DNS 解析服务。也就是说，必须为 DNS 服务器添加与主机名和 IP 地址对应的数据库，从而将 DNS 主机名与其 IP 地址一一对应。这样，当输入主机名时，就能解析成对应的 IP 地址并实现对相应服务器的访问。

主机记录用于静态建立主机名与 IP 地址之间的对应关系，以便提供正向查询服务。因此，需要为 FTP、WWW、MAIL、BBS 等服务分别创建一条主机记录，这样才能使用主机名对这些服务进行访问。

6.2.2　任务实施

1. 主要区域的创建

在一台 DNS 服务器上，可以通过以下方法创建主要区域。

（1）打开"DNS 管理器"窗口。以域管理员账户登录 DNS 服务器，选择"开始→管理工具→DNS"命令，打开"DNS 管理器"窗口，如图 6.10 所示。

（2）打开"新建区域向导"对话框。在"DNS 管理器"窗口中展开服务器节点，右击"正向查找区域"，在弹出的快捷菜单中选择"新建区域"命令，打开"新建区域向导"对话框，如图 6.11 所示。

（3）选择区域类型。单击"下一步"按钮，显示"区域类型"界面。在该界面中可以将区域设置为主要区域、辅助区域或存根区域，此处选中"主要区域"单选按钮。如图 6.12 所示，取消勾选"在 Active Directory 中存储区域（只有 DNS 服务器是可写域控制器时才可用）"复选框，这样 DNS 就不和 Active Directory 域服务集成。

图 6.10 "DNS 管理器"窗口

图 6.11 "新建区域向导"对话框

图 6.12 选中"主要区域"单选按钮

（4）设置区域名称。单击"下一步"按钮，显示"区域名称"界面，在该界面中输入区域名称。区域名称一般以域名表示，指定 DNS 命名空间部分，本任务输入的是 linite.com，如图 6.13 所示。

（5）创建区域文件。单击"下一步"按钮，显示"区域文件"界面，在该界面中可以选择创建新的区域文件或使用已存在的区域文件。区域文件也称为 DNS 区域数据库，主要作用是保存区域资源记录。本任务默认选中"创建新文件，文件名为"单选按钮，如图 6.14 所示。

（6）设置动态更新。单击"下一步"按钮，显示"动态更新"界面。在该界面中可以选择区域是否支持动态更新。因为 DNS 服务器不和 Active Directory 域服务器集成使用，所以"只允许安全的动态更新（适合 Active Directory 使用）"单选按钮为不可选状态。本任务默认选中"不允许动态更新"单选按钮，如图 6.15 所示。

（7）创建完成。单击"下一步"按钮，显示"正在完成新建区域向导"界面（见图 6.16），单击"完成"按钮即可完成主要区域的创建。

图 6.13 "区域名称"界面

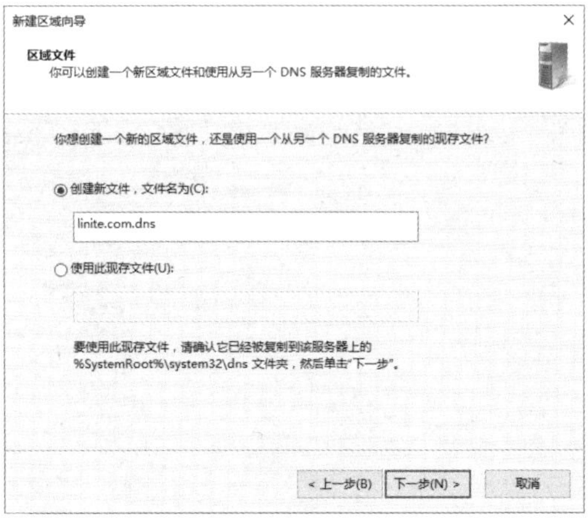

图 6.14 "区域文件"界面

图 6.15 "动态更新"界面

图 6.16 "正在完成新建区域向导"界面

（8）返回"DNS 管理器"窗口，linite.com 创建完成后的效果如图 6.17 所示。创建完的区域资源默认只有起始授权机构（SOA）和域名服务器（NS）记录。

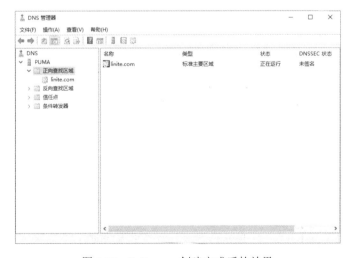

图 6.17 linite.com 创建完成后的效果

2. 在主要区域内创建记录

下面介绍在 linite.com 区域中创建 www 主机记录的方法。

（1）选择"开始→管理工具→DNS"命令，打开"DNS 管理器"窗口。

（2）在"DNS 管理器"窗口中选中已创建的主要区域 linite.com 并右击，在弹出的快捷菜单中选择"新建主机（A 或 AAAA）"命令，如图 6.18 所示。

（3）在打开的"新建主机"对话框中，"名称（如果为空则使用其父域名称）"文本框中输入的是网络中某主机的名称（如 www），"IP 地址"文本框中输入的是该主机对应的 IP 地址，本任务为 192.168.2.8。那么，该计算机的域名就是 www.linite.com，当用户在 Web 浏览器中输入 www.linite.com 时，IP 地址将被解析为 192.168.2.8。根据需要，可以添加多条主机记录。

在所创建的这一条主机记录要提供反向查询的服务功能时，可以勾选"创建相关的指针（PTR）记录"复选框，如图 6.19 所示。关于反向查找区域及记录的创建方法请参见 6.3 节。

图 6.18 选择"新建主机"命令　　　　图 6.19 "新建主机"对话框

（4）当设置正确后，单击"新建主机"对话框中的"添加主机"按钮，如果显示"成功创建了主机记录"的信息，则表示已成功创建了一条主机记录。

（5）单击"确定"按钮，返回如图 6.18 所示的窗口。如果需要，可以重复以上步骤，继续创建其他的主机记录。

（6）当所有的主机记录创建结束后，单击"完成"按钮，返回"DNS 管理器"窗口，新创建的主机记录将全部显示在窗口的右窗格中，如图 6.20 所示。

图 6.20 创建好的主机记录

至此，完成域名与 IP 地址的映射操作，无须重启计算机即可生效。

6.3 任务 3 反向查找区域及相关记录的创建

6.3.1 任务知识准备

通过主机名查询 IP 地址的过程称为正向查询。反之，通过 IP 地址查询主机名的过程称为反向查询。反向查找区域可以实现 DNS 客户端利用 IP 地址来查询其主机名的功能。反向查询并不是必要的，可以在需要的时候创建。

反向查找区域同样提供了 3 种类型，分别为主要区域、辅助区域和存根区域。反向查找区域是用网络 ID 来定义的。例如，192.168.0.100/24 对应的网络 ID 为 192.168.0.0，即该 IP 地址对应的网络号。反向查找区域的信息及记录保存在一个文件中，默认的文件名称是网络 ID 的倒叙形式，加上 in-addr.arpa，扩展名为.dns。该文件保存在%Systemroot%\system32\dns 文件夹中。下面介绍反向查找区域及相关记录的创建。

6.3.2 任务实施

1. 创建反向查找区域

（1）在"DNS 管理器"窗口中选中"反向查找区域"并右击，在弹出的快捷菜单中选择"新建区域"命令，如图 6.21 所示。打开"新建区域向导"对话框。

（2）单击"下一步"按钮，在"区域类型"界面中选中"主要区域"单选按钮，取消勾选"在 Active Directory 中存储区域（只有 DNS 服务器是可写域控制器时才可用）"复选框，这样 DNS 服务器就不和 Active Directory 域服务集成，如图 6.22 所示。

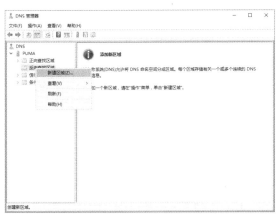
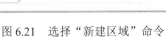

图 6.21 选择"新建区域"命令

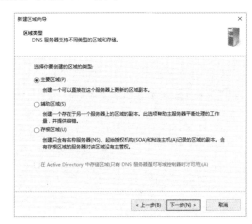

图 6.22 "区域类型"界面

（3）单击"下一步"按钮，选中"IPv4 反向查找区域"单选按钮，如图 6.23 所示。

（4）单击"下一步"按钮，显示"反向查找区域名称"界面。在该界面中输入反向查找区域的名称，选中"网络 ID"单选按钮，在"网络 ID"文本框中输入 192.168.2，如图 6.24 所示。

图 6.23 选中"IPv4 反向查找区域"单选按钮

图 6.24 "反向查找区域名称"界面

（5）单击"下一步"按钮，显示"区域文件"界面。如果希望使用系统给定的默认文件名，只需要单击"下一步"按钮，这里选中"不允许动态更新"单选按钮，如图 6.25 所示，单击"下一步"按钮。

（6）显示"正在完成新建区域向导"界面，对所显示的设置功能进行确认，如图 6.26 所示。如果设置有误，则单击"上一步"按钮进行修改。确认没有错误后，单击"完成"按钮，返回"DNS 管理器"窗口。这时，反向查找区域将显示在"DNS 管理器"窗口中。

图 6.25 "动态更新"界面

图 6.26 "正在完成新建区域向导"界面

2．在反向查找区域内创建记录

当创建了反向查找区域后，还必须在该区域内创建记录数据，这些记录数据只有在实际的查询中才是有用的，一般通过以下方式在反向查找区域创建记录数据。

（1）在"DNS 管理器"窗口中，双击"反向查找区域"，扩展后出现具体的区域名称，选中区域后并右击，在弹出的快捷菜单中选择"新建指针"命令。本任务假设地址为192.168.2.8，域名为 www.linite.com（必须先在正向搜索区域添加此记录）的主机添加到反向查找区域，只需要先在"新建资源记录"对话框的"主机 IP 地址"文本框中的一行数字之后输入主机 IP 地址的最后一个字节的值，即.8（前 3 个段是网络 ID），接着在"主机名"文本框中输入 IP 地址对应的主机名 www.linite.com（需要注意的是，此处输入的是主机 www 的完全合格的域名），如图 6.27 和图 6.28 所示。

图 6.27　反向区域指针记录

图 6.28　反向搜索区域指针（PTR）记录的创建

（2）单击"确定"按钮，一条记录创建成功，还可以用同样的方式创建其他的记录数据。

3．创建 DNS 别名（CNAME）记录

在很多情况下，一台主机可能需要扮演多个不同的角色，这时需要为这台主机创建多个别名。例如，puma.linite.com 既是 DNS 服务器，又是 BBS 服务器，此时可以创建 puma.linite.com 的别名为 BBS。下面介绍别名的创建方法。

（1）在"DNS 管理器"窗口中选中已创建的主要区域 linite.com 并右击，在弹出的快捷菜单中选择"新建别名"命令。

（2）在打开的"新建资源记录"对话框的"别名（如果为空则使用父域）"文本框中输入待创建的主机别名 bbs，在"目标主机的完全合格的域名（FQDN）"文本框中输入指派该别名的主机名称 www.linite.com，如图 6.29 所示。

图 6.29　创建别名"CNAME"记录

4．创建邮件交换记录

邮件交换（Mail Exchanger，MX）记录可以告诉用户哪些服务器可以为该域接收邮件。当局域网用户与其他 Internet 用户进行邮件交换时，将由在该处指定的邮件服务器与其他 Internet 邮件服务器之间完成。也就是说，如果不指定邮件交换记录，那么网络用户既无法实现与 Internet 的邮件交换，也不能实现 Internet 电子邮件的收发。

（1）添加一条名为 mail 的主机记录，并使该 mail 指定的计算机作为邮件服务器。

（2）在"DNS 管理器"窗口的"正向搜索区域"中，右击欲添加邮件交换记录的域

linite.com，在弹出的快捷菜单中选择"新建邮件交换器"命令，打开"新建资源记录"对话框，如图 6.30 所示。用户创建邮件交换记录，实现对邮件服务器的域名解析。这里需要注意的是，"主机或子域"文本框保持为空，这样才能得到 user@linite.com 之类的邮箱。如果在"主机或子域"文本框中输入 mail，那么邮箱会变为 user@mail.linite.com。

（3）在"邮件服务器的完全限定的域名（FQDN）"文本框中直接输入邮件服务器的域名，如 mail.linite.com，也可以单击"浏览"按钮，在"浏览"列表中选择作为邮件服务器的主机名称，如 mail。

（4）指定"邮件服务器优先级"。当该区域内有多条邮件交换记录（有多台邮件服务器）时，可以在此输入一个数字来确定其优先级。数字越小优先级越高（当数字为 0 时优先级最高）。当一个区域内有多台邮件服务器时，如果其他邮件服务器要传送邮件到此区域的邮件服务器中，它会选择优先级最高的邮件服务器。如果传送失败，则选择优先级较低的邮件服务器。如果两台或两台以上的邮件服务器的优先级相同，则从中随机选择一台邮件服务器，如图 6.31 所示。

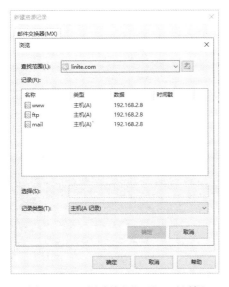

图 6.30 "新建资源记录"对话框

图 6.31 新建邮件交换记录

（5）单击"确定"按钮，完成邮件交换记录的添加。

重复上述操作，可以为该区域添加多条邮件交换记录，并在"邮件服务器优先级"文本框中分别设置其优先级值，从而实现邮件服务器的冗余和容错。

6.4 任务 4 DNS 客户端的配置和 DNS 服务器的测试

6.4.1 任务知识准备

客户端要解析 Internet 或内网的主机名称，必须设置使用的 DNS 服务器。如果企业有自己的 DNS 服务器，则可以将其设置为企业内部客户端的首选 DNS 服务器，否则设置 Internet 上的 DNS 服务器作为首选 DNS 服务器。例如，广州电信的首选 DNS 服务器的 IP 地址为

61.144.56.100。

在 Windows 操作系统中，DNS 客户端的配置非常简单，只需要在 IP 地址信息中添加 DNS 服务器的 IP 地址即可。Windows 操作系统的设置基本相同，下面以 Windows Server 2016 为例，介绍 DNS 客户端的配置和 DNS 服务器的测试。

6.4.2　任务实施

1．DNS 客户端的配置

（1）以管理员账户登录 DNS 客户端计算机，依次选择"控制面板→网络和 Internet→查看网络状态和任务"命令，单击"更改适配器设置"链接查看网络适配器，在网络适配器上右击，在弹出的快捷菜单中选择"属性"命令，打开"属性"对话框，勾选"Internet 协议版本 4（TCP/IPv4）"复选框，如图 6.32 所示，单击"属性"按钮，在"首选 DNS 服务器"文本框中输入 DNS 服务器的 IP 地址 192.168.2.8，如图 6.33 所示，单击"确定"按钮。

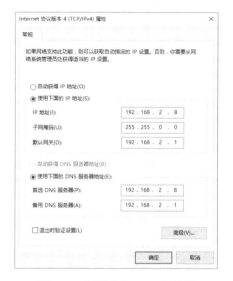

图 6.32　勾选"Internet 协议版本 4（TCP/IPv4）"复选框　　　图 6.33　设置首选 DNS 服务器

（2）如果网络中还有其他的 DNS 服务器，则在"备用 DNS 服务器"文本框中输入这台备用 DNS 服务器的 IP 地址，也可以在"备用 DNS 服务器"文本框中输入 Internet 上的 DNS 服务器的 IP 地址。

有时，一个网络中可能存在多台 DNS 服务器，单击图 6.33 中的"高级"按钮，在打开的对话框中切换至 DNS 选项卡，显示如图 6.34 所示的界面。在"DNS 服务器地址（按使用顺序排列）"下面的列表中显示了已设置的首选 DNS 服务器和备用 DNS 服务器的 IP 地址。如果还要添加其他 DNS 服务器的 IP 地址，则单击"添加"按钮，在打开的对话框中依次输入其他 DNS 服务器的 IP 地址。

通过以上设置，DNS 客户端会依次向这些 DNS 服务器进

图 6.34　"DNS"选项卡

行查询。如果首选 DNS 服务器没有某主机的记录，则客户端会依照 DNS 服务器的 IP 地址的使用顺序查询其余的 DNS 服务器。

2．DNS 服务器的测试

DNS 服务器和客户端配置完成后，可以使用各种命令测试 DNS 服务器的配置是否正确。Windows Server 2016 内置了用于测试 DNS 的相关命令，如 ipconfig、ping、nslookup 等。

在测试时，首先使用 ipconfig 命令查看客户端计算机的 DNS 服务器的配置，然后在命令提示符下输入 ipconfig /all 命令，结果如图 6.35 所示。

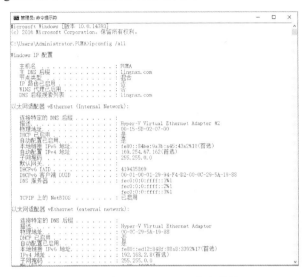

图 6.35　输入 ipconfig /all 命令的结果

确定 DNS 服务器的配置正确后，使用 ping 命令来确定 DNS 服务器是否在线。如果 ping DNS 服务器的主机名，则返回对应的 IP 地址及相应的简单统计信息。要使用 ping 命令反向查询，只需要在 ping 命令后面加上"–a"参数，如 ping –a 192.168.2.8 就可以测试 DNS 服务器能否将 IP 地址解析成主机名称；输入 ping www.linite.com，不能测试反向记录，所以用 DNS 命令测试具有一定的局限性，输出结果如图 6.36 所示。

图 6.36　ping www.linite.com 的输出结果

在测试 DNS 服务器时，除上面的方法外，还可以用专门的测试工具 nslookup 进行测试。nslookup 支持两种模式，分别为交互模式和非交互模式。二者的区别在于，使用交互模式可以让用户交互输入相关命令，而使用非交互模式需要在命令提示符界面输入完整的命令。

（1）非交互模式 nslookup 测试。

在命令提示符界面输入 nslookup www.linite.com，查看 DNS 服务器上的资源情况。

（2）交互模式 nslookup 测试。

在命令提示符界面输入以下命令进行测试，输出过程与结果如图 6.37 所示，DNS 服务器工作正常，并且能正确解析出 www.linite.com 主机名：

```
C：\>nslookup
>set type=a
>www.linite.com

>set type=ptr
>192.168.2.8

>Set type=cname
>www.linite.com

>set type=ns
>linite.com

>set type=soa
>linite.com

>set type=mx
>linite.com

>set type=all
>linite.com
```

图 6.37　交互模式的输出过程与结果

如图 6.37 所示，在命令提示符界面运行 nslookup 后，显示默认 DNS 服务器的主机名和 IP 地址分别为 www.linite.com 和 192.168.2.8。在提示符"＞"后面输入 www.linite.com，DNS

服务器能够解析出对应的 IP 地址为 192.168.2.8。同样，在提示符"＞"后面输入 192.168.2.8，DNS 服务器能解析出对应的主机名为 www.linite.com。

nslookup 的功能非常强大，使用?命令可以看到 nslookup 所支持的所有命令及参数。有关 nslookup 的具体内容，读者可以参考 Windows Server 2016 帮助和支持中心。

6.5 任务5 DNS 的高级应用

6.5.1 任务知识准备

1．DNS 的动态更新

当被解析的主机 IP 地址发生变化时，DNS 服务器数据库中的记录随之自动变更并始终与该主机域名相对应，这个过程称为 DNS 的动态更新。

2．根提示和转发器

局域网中的 DNS 服务器只能解析在本地域中添加的主机，而无法解析未知的域名。因此，要实现对 Internet 中所有域名的解析，就必须将本地无法解析的域名转发给其他域名服务器。这种转发既可以通过根提示实现，也可以通过 DNS 转发器实现。在一般情况下，当 DNS 服务器收到 DNS 客户端的查询请求后，它将在所辖区域的数据库中寻找是否有该 DNS 客户端的数据。如果该 DNS 服务器的区域数据库中没有该 DNS 客户端的数据，也就是说，在 DNS 服务器所管辖的区域数据库中没有该 DNS 客户端所查询的主机名，那么该 DNS 服务器需要转向其他的 DNS 服务器进行查询。

在实际应用中，这种情况经常发生。例如，当网络中的某台主机需要与位于本网络外的主机通信时，就需要向外界的 DNS 服务器进行查询。但为了安全起见，一般不希望内部所有的 DNS 服务器都直接与外界的 DNS 服务器建立联系，而只是让其中一台 DNS 服务器与外界直接联系，网络内的其他 DNS 服务器则通过这台 DNS 服务器与外界进行间接的联系，直接与外界建立联系的 DNS 服务器称为转发器。

通过转发器，当 DNS 客户端提出查询请求时，DNS 服务器将通过转发器从外界 DNS 服务器中获得数据，并将其提供给 DNS 客户端。如果转发器无法查询到所需的数据，则 DNS 服务器一般提供以下两种处理方式。

（1）DNS 服务器直接向外界 DNS 服务器进行查询。

（2）DNS 服务器不再向外界 DNS 服务器进行查询，而是告诉 DNS 客户端找不到所需的数据。如果采用这种方式，那么 DNS 服务器将完全依赖转发器。企业出于安全考虑，大多会采用这种方式。这样的 DNS 服务器也称为从属服务器（Slave Server）。

3．DNS 服务器的老化/清理

DNS 服务器具有老化/清理功能，主要清理和删除随着时间推移而积累于区域数据中的过时资源记录。

虽然计算机在网络上启动时可以借助自动更新将资源记录自动添加到区域中，但在计算机离开网络时，不会自动删除这些资源记录。如果保持这种不受管理的状态，那么区域数据中的过时资源记录的存在可能会引起如下许多问题。

（1）过时资源记录会占用服务器磁盘空间并导致不必要的长时间区域传送。

（2）DNS 服务器可能使用过期的信息来应答 DNS 客户端的查询，导致 DNS 客户端在网络中遇到名称解析问题。

（3）降低 DNS 服务器的性能和响应速度。

（4）累积过时资源记录会阻止其他计算机或主机设备使用 DNS 域名。

为了解决以上问题，DNS 服务器提供了下列功能。

（1）时间戳，基于在服务器计算机上设置的当前日期和时间，用于以动态方式添加到主要类型区域中的所有资源记录。另外，时间戳记录在启用了老化/清理功能的标准主要区域中。

（2）所有合格区域在本地数据中的资源记录老化，基于指定的刷新时间段（仅 DNS 服务器加载的主要区域才有权限）。

（3）可以清理超过指定的刷新期间仍然存在的所有资源记录。

6.5.2　任务实施

1. 启用 DNS 动态更新

启用 DNS 动态更新的操作步骤如下。

（1）在"DNS 管理器"窗口的目录树上，右击区域名，如 linite.com，在弹出的快捷菜单中选择"属性"命令，打开"linite.com 属性"对话框，如图 6.38 所示。在"动态更新"右端的下拉列表中选择"非安全"选项。

（2）此时如果 DHCP 服务器动态分配给该主机的 IP 地址发生变化，则在 DNS 服务器中的数据会立即更新，从而保证域名解析的正确性。

（3）在 DHCP 控制台目录树的"作用域属性"对话框的 DNS 选项卡中，选中"只有在 DHCP 客户端请求时才动态更新 DNS A 和 PTR 记录"单选按钮。这样，客户端在更改主机名后可以使用 ipconfig/registerdns 命令更新 DNS 服务器上的信息，如图 6.39 所示。

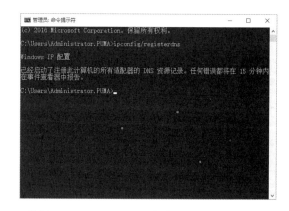

图 6.38　"linite.com 属性"对话框　　图 6.39　使用 ipconfig/registerdns 命令更新 DNS 服务器上的信息

（4）DNS 的动态更新仅适用于集成到 AD DS 中的区域。在目录中集成区域时，可以使用管理器中访问控制列表的编辑功能，以便能在指定的区域或资源记录访问控制列表中添加/删除用户或组。

2. 根提示和转发器

在向 DNS 服务器提交一个查询请求时，如果该查询请求的是 Internet 上的资源，那么 DNS 服务器需要通过一种方式来遍历 Internet 上相应的 DNS 服务器来响应客户端的请求。DNS 服务器使用根提示将 DNS 客户端的迭代查询请求转发到 Internet 上。根提示包含多台服务器，如图 6.40 所示。

Windows Server 2016 还支持条件转发，也就是说，可以将特定的域转发到特定的 DNS 服务器中。转发器的设置如图 6.41 所示。

图 6.40 根提示

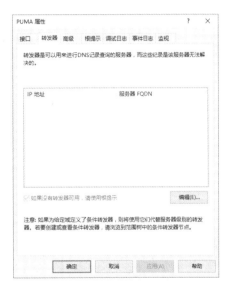

图 6.41 转发器的设置

3. 配置 DNS 服务器的 TTL 值

TTL 值是以秒计算超时的，包含在 DNS 查询返回的 DNS 记录中。此计数器数值可以告诉接收者，在允许数据过期并丢弃之前，应该保持或使用该资源记录或其中包含的任何数据的时间长短。

（1）配置区域的 TTL 值。

以管理员账户登录 DNS 服务器，在"DNS 管理器"窗口中，依次展开服务器和"正向查找区域"，右击 linite.com，在弹出的快捷菜单中选择"属性"命令，打开"linite.com 属性"对话框，切换至"起始授权机构（SOA）"选项卡，可以看到"此记录的 TTL"选项，这就是区域的 TTL 值，如图 6.42 所示。

（2）配置记录的 TTL 值。

在"DNS 管理器"窗口中，选择"查看→高级"命令，打开高级查看功能。依次展开服务器和"正向查找区域"，在区域 linite.com 中，右击主机记录 www，在弹出的快捷菜单中选择"属性"命令，打开"www 属性"对话框。在"www 属性"对话框中可以看到"生存时间（TTL）"选项，这就是资源记录的 TTL 值，如图 6.43 所示。

图 6.42 "起始授权机构（SOA）"选项卡

图 6.43 "www 属性"对话框

4. 为 DNS 服务器设置老化/清理的方式和步骤

为 DNS 服务器设置老化/清理的方式和步骤如下。

（1）以域管理员账户登录 DNS 服务器，在"DNS 管理器"窗口中，右击服务器，在弹出的快捷菜单中选择"为所有区域设置老化/清理"命令，打开"服务器老化/清理属性"对话框，在该对话框中勾选"清除过时资源记录"复选框，设置"无刷新间隔"和"刷新间隔"的时间为 7 天，如图 6.44 所示。单击"确定"按钮，完成服务器老化/清理的设置，如图 6.45 所示。

图 6.44 设置"无刷新间隔"和"刷新间隔"

图 6.45 "服务器老化/清理确认"对话框

（2）启用过时记录自动清理，可以自动清理域名服务器宿主的区域中的资源记录。在"DNS 管理器"窗口中，右击服务器，在弹出的快捷菜单中选择"属性"命令，切换至"高级"选项卡，勾选"启用过时记录自动清理"复选框，并设置"清理周期"为 7 天，如图 6.46 所示，单击"确定"按钮完成自动清理的设置。

（3）使用立即清理过时资源记录功能可以立即删除自从被创建后已超过所有分配时间的服务器资源记录。

在"DNS 管理器"窗口中，右击服务器，在弹出的快捷菜单中选择"清除过时资源记录"命令，弹出如图 6.47 所示的对话框，单击"是"按钮即可立即清理过时资源记录。

图 6.46　启用过时记录自动清理

图 6.47　确认清除过时资源记录

5. 常见的 DNS 故障及排除方法

安装 DNS 服务器后，有时可能由于某些错误无法正常启动服务或提供名称解析功能。以下是常见的 DNS 故障及排除方法。

（1）DNS 服务无法启动。这可能是因为遗失了 DNS 服务所需的文件，或者错误修改了与服务有关的配置信息。可以通过备份%Systemroot%\system32\dns 文件夹中的区域文件，删除并重新安装 DNS 服务，以确保可以重新启动 DNS 服务。另外，在 DNS 服务器上新增正向查找区域，创建主要区域文件，区域名为备份的区域文件名称，并且设置使用现存的文件，如图 6.48 所示，同时将区域文件还原到 DNS 服务器上。完成新建区域后，在该区域中可以看到以前创建的所有记录，用于还原 DNS 服务器。

（2）DNS 服务器无法进行名称解析。重启 DNS 服务器，或者重启 DNS 服务可以解决问题。

（3）DNS 服务器返回错误的结果。这可能是因为 DNS 服务器中的记录被修改后，DNS 服务器还未替换缓存中的内容，所以返回给客户端的仍是旧的名称。解决办法是在"DNS 管理器"窗口中先选中 DNS 服务器的名称（如 www），并右击，在弹出的快捷菜单中选择"清除缓存"命令，清除 DNS 服务器的缓存内容。

（4）客户端获得错误的结果。这可能是因为 DNS 服务器中的记录被修改后，客户端的 DNS 缓存中有该记录，所以客户端无法使用新的名称。解决办法是在"命令提示符"窗口中输入 ipconfig/flushdns，清除客户端的缓存。

（5）DNS 服务器不能执行简单查询或递归查询。为了测试 DNS 服务器是否能够查询，可以在安装 DNS 的服务器上进行测试，测试的类型包括简单查询和递归查询。测试方式如下：右击 DNS 服务器名称，如 www，在弹出的快捷菜单中选择"属性"命令，在打开的对话框中切换至"监视"选项卡，勾选"对此 DNS 服务器的简单查询"复选框和"对此 DNS 服务器的递归查询"复选框，如图 6.49 所示，单击"立即测试"按钮可以看到测试结果。

图 6.48　恢复 linite.com 区域　　　　　　图 6.49　"监视"选项卡

简单查询失败是因为没有启动 DNS 服务。如果递归查询失败，可能是因为没有启动 DNS 服务或无法找到根提示。DNS 服务器的根提示保存在%Systemroot%\system32\ dns 文件夹的 CACHE.dns 文件中。若 CACHE.dns 文件损坏，则可以将.\samples 文件夹的 CACHE.dns 文件复制到上一层文件夹中。

对于 DNS 故障，也可以通过查看事件查看器下的"DNS 事件"了解所出现的问题，进而进行相应的排错。

6．DNS 区域复制

在网络上的多台 DNS 服务器中提供区域,可以提供解析名称查询时的可用性和兼容性。如果使用单台服务器而该服务器没有响应，则该区域中的名称查询会失败。对于主区域的其他服务器，必须进行区域传送，以便复制和同步为主区域的每台服务器配置使用的所有区域副本。

如果将新的 DNS 服务器添加到网络中，并且配置为现有区域的新的辅助服务器，那么它执行该区域的完全初始传输，以获得和复制区域一份完整的资源记录副本。

1）在主 DNS 服务器上设置区域传送功能

图 6.50　设置区域传送

以域管理员账户登录主 DNS 服务器,在"DNS 管理器"窗口中，依次展开服务器和"正向查找区域"，右击区域 linite.com，在弹出的快捷菜单中选择"属性"命令，打开"linite.com 属性"对话框，切换至"区域传送"选项卡，勾选"允许区域传送"复选框，并选中"到所有服务器"单选按钮，如图 6.50 所示，单击"确定"按钮，完成区域传送功能的设置。

2）创建正向辅助 DNS 区域

（1）以域管理员账户登录主 DNS 服务器，在"DNS 管理器"窗口中，右击"正向查找区域"，在弹出的快捷菜单中选择"新建区域"命令，根据新建区域向导单击"下一步"按钮，在如图 6.51 所示的"区域类型"界面中，选中"辅助区域"单选按钮。

（2）单击"下一步"按钮，显示"区域名称"界面，输入区域名称 linite.com，此处的区域名称应与主 DNS 服务器的区域名称相同，如图 6.52 所示。

图 6.51　选择区域类型　　　　　　　　　　图 6.52　设置区域名称

（3）单击"下一步"按钮，显示"主 DNS 服务器"界面，指定主 DNS 服务器的 IP 地址，并在"主服务器"区域中输入 192.168.2.8，该计算机能解析到相应服务器 FQDN，如图 6.53 所示，单击"下一步"按钮完成正向辅助区域的创建，如图 6.54 所示。

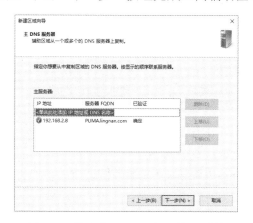

图 6.53　指定主 DNS 服务器的 IP 地址　　　　　图 6.54　辅助区域创建完毕

（4）返回"DNS 管理器"窗口，单击区域 linite.com，在右窗格中双击打开某条记录的属性，可以看到其属性内容是灰色的，这说明它是辅助区域，只能读取，不能修改和创建。

实训 6　Windows Server 2016 中 DNS 的配置和管理

一、实训目标

（1）掌握在 Windows Server 2016 中配置 DNS 服务器的方法。

（2）掌握在 Windows 7 和 Windows Server 2016 中配置 DNS 客户端与测试 DNS 的方法。

（3）掌握 DNS 服务器的高级应用、监视与管理、故障排除等设置方法。

二、实训准备

（1）网络环境：已搭建好的 100Mbit/s 的以太网，包含交换机、超五类（或五类）UTP 直通线若干、两台或两台以上的计算机（具体数量可以根据学生人数安排）。

（2）服务器端计算机配置：CPU 为 Intel Pentium 4 以上版本，内存不小于 1GB，硬盘剩余空间不小于 20GB，并且已安装 Windows Server 2016，或者已安装 VMware Workstation 13 以上版本，同时硬盘中有 Windows Server 2016 的安装程序。

（3）客户端计算机配置：CPU 为 Intel Pentium 4 以上版本，内存不小于 1GB，硬盘剩余空间不小于 20GB，并且已安装 Windows 7。

三、实训步骤

采用两台或两台以上的计算机，如图 6.2 所示，一台作为 DNS 服务器，另外一台作为客户端。约定 DNS 服务器的域名称为 sun.com，其 IP 地址为 200.100.100.1，客户端 IP 地址为 200.100.100.6。

（1）为 DNS 服务器的网卡配置的 IP 地址为 200.100.100.1，子网掩码自动生成 255.255.255.0，首选域 IP 地址为 200.100.100.1。

（2）在"服务器管理器"窗口中，显示"添加角色向导"界面，配置 DNS 服务器。

（3）在 DNS 服务器上打开"DNS 管理器"窗口，创建正向搜索区域，域名为 sun.com。

（4）在 server 服务器新建的区域 linite.com 上新建主机，主机名称为 moon。该计算机的域名就是 moon.linite.com，当用户在 Web 浏览器中输入 moon.linite.com 时，IP 地址将被解析为 200.100.100.1。根据需要，可以添加多条主机记录。

（5）在 DNS 客户端计算机上，单击其 IP 地址的"属性"按钮，配置 IP 地址为 200.100.100.6，在"首选 DNS 服务器"文本框中输入 DNS 服务器的 IP 地址 200.100.100.1。

（6）在两台客户端计算机上使用各种命令测试 DNS 是否配置正确。Windows Server 2016 内置了用于测试 DNS 的相关命令，如 ipconfig、ping、nslookup 等。

（7）通过测试 DNS 连接成功后，在 DNS 服务器上配置 DNS 服务器的服务动态更新、监视和管理、故障排除等。

习 题 6

一、填空题

1. DNS 服务器把计算机的名字（主机名）与其_____相对应。DNS 服务器提供的这种服务称为_____服务。

2. DNS 客户端向 DNS 服务器提交域名查询 IP 地址，或者 DNS 服务器向另一台 DNS 服务器提交域名查询 IP 地址，DNS 服务器做出响应的过程称为_____。反之，如果 DNS 客户端向 DNS 服务器提交 IP 地址查询域名，DNS 服务器做出响应的过程称为_____。

3. Windows Server 2016 内置了用于测试 DNS 的相关命令，如____、____、____等。

二、选择题

1．在配置 DNS 服务器时，操作顺序正确的是（　　　）。

    A．配置 IP 地址→新建主机→新建区域

    B．新建主机→配置 IP 地址→新建区域

    C．配置 IP 地址→新建区域→新建主机

    D．不用配置 IP 地址→新建区域→新建主机

2．根据 DNS 服务器对 DNS 客户端的不同响应方式，域名解析可分为（　　　）类型。

    A．递归查询　　　　B．正向解析　　　　C．迭代查询　　　　D．反向查询

3．下面关于 DNS 客户端的域 IP 地址设置的说法，正确的是（　　　）。

    A．随便设置

    B．与 DNS 服务器的 IP 地址使用同一网段即可

    C．设置为 DNS 服务器的 IP 地址

    D．只设置与 DNS 服务器同网段的 IP 地址，不必设置域 IP 地址

三、简答题

1．DNS 有什么作用？DNS 是如何进行域名解析的？

2．如何配置 DNS 服务器？

3．什么是反向查找区域？如何设置反向查找区域？

项目 7 架设 DHCP 服务器

【项目情景】

岭南信息技术有限公司最近扩大了规模，工作人员由原来的 50 人增加到 200 人，需要的计算机也相应增加，为公司所有客户端分配 IP 地址及相关管理的工作量也明显增加。为了便于网络管理，提高工作效率，公司决定重新规划网络管理服务器，需要增设至少一台服务器专门为网络客户端分配和管理 IP 地址。那么，需要配置什么服务器来分配和管理 IP 地址呢？这台服务器的工作原理是什么？它真能为公司所有客户端计算机提供更快捷、更准确的 IP 地址，减小发生 IP 地址故障的可能性，从而提高工作效率吗？

【项目分析】

（1）根据公司目前的人数，先配置一台 DHCP 服务器，利用 DHCP 服务器为公司所有客户端计算机提供 IP 地址，不再通过人工配置 IP 地址，从而减少网络管理人员的工作量，提高工作效率。

（2）为公司个别有特别需求的员工和网络内 AD 域、Web 等服务器配置固定的 IP 地址，可以通过 DHCP 服务器设置保留这些 IP 地址，使 DHCP 服务器每次分配给这些客户端固定的 IP 地址。

【项目目标】

（1）理解 DHCP 的概念和工作方式。
（2）学会安装与配置 DHCP 服务器和 DHCP 客户端。
（3）学会维护 DHCP 服务器。

【项目任务】

任务 1　安装 DHCP 服务器
任务 2　DHCP 服务器的基本配置
任务 3　配置 DHCP 选项
任务 4　跨网段的 DHCP 配置
任务 5　监视 DHCP 服务器

7.1　任务 1　安装 DHCP 服务器

7.1.1　任务知识准备

在 TCP/IP 网络中，每台计算机都必须有唯一的 IP 地址，否则将无法与其他计算机进行通信。因此，管理、分配和配置客户端的 IP 地址变得非常重要。如果网络规模较小，管理员可以分别对每台计算机进行配置。在大型网络中可能包含成百上千台计算机，所以为客户端分配和管理 IP 地址会耗费管理员大量的时间和精力，如果还是以手动方式设置 IP 地址，不仅费时、费力，还容易出错。只有借助 DHCP 服务器，才能大大提高工作效率，并减小发生 IP 地址发生故障的可能性。

1. DHCP 概述

DHCP 是一种简化计算机 IP 地址分配和管理的 TCP/IP 标准协议。管理员可以利用 DHCP 服务器动态分配 IP 地址及其他相关的环境配置工作。一般而言，可以用以下两种方法来配置 TCP/IP 参数。

（1）手动配置。在网络中手动配置 TCP/IP 参数时，必须在每台 DHCP 客户机上输入一个 IP 地址。这不仅费时费力，还意味着用户可能会输入错误的或非法的 IP 地址。错误的 IP 地址可能会出现网络问题，如 IP 地址冲突等。对于这类问题，追踪根源相对比较困难。此外，如果计算机频繁地从一个子网移至另一个子网，也会加大对网络进行日常管理所需要的开销。

（2）自动配置。利用 DHCP 服务自动配置 TCP/IP 参数，意味着用户不需要从管理员那里获得 IP 地址，而是由 DHCP 服务器为 DHCP 客户机自动提供所有必要的配置，这样做还可以确保网络客户能够使用正确的配置信息。另外，DHCP 还可以自动更新客户机配置信息，以反映网络结构的变化，以及用户在物理网络中位置的变化，而无须用人工的方式重新配置客户机 IP 地址。

因此，作为优秀的 IP 地址管理工具，DHCP 具有以下优点。

（1）安全且可靠的配置。DHCP 避免了由于需要手动在每台计算机上输入 IP 地址而引起的配置错误。DHCP 有助于避免由于在网络上配置新的计算机时重复使用以前指派的 IP 地址而引起的地址冲突。

（2）减少配置管理。使用 DHCP 服务器可以大大降低用于配置客户端计算机的时间。可以配置服务器以便在指派地址租约时提供其他的网络配置的值，如 DNS 服务器、网关等，这些值是使用 DHCP 选项指派的。

（3）便于管理。当网络中的 IP 地址段改变时，只需要修改 DHCP 服务器的 IP 地址池即可，而不必逐个修改网络中的所有计算机。

（4）节约 IP 地址资源。在 DHCP 系统中，只有当 DHCP 客户机请求时才由 DHCP 服务器提供 IP 地址，而当计算机关机后，又会自动释放该 IP 地址。因此，在网络内计算机不同时开机的情况下，即使 IP 地址数量较少，也能够满足较多计算机的 IP 地址需求。

当然，DHCP 服务器配置不当，也会导致严重的后果。如果 DHCP 服务器设置有问题，就会影响网络中所有 DHCP 客户机的正常工作。如果网络中只有一台 DHCP 服务器，当它发生故障时，所有 DHCP 客户机都将无法获得 IP 地址，也无法释放已有的 IP 地址，从而出现网络故障。针对这种情况，可以在一个网络中配置两台的 DHCP 服务器，当其中一台 DHCP 服务器失效时，由另一台 DHCP 服务器提供服务，而不影响网络的正常运行。如果要在一个由多个网段（子网）组成的网络中使用 DHCP，就需要在每个网段分别安装一台 DHCP 服务器，或者保证路由器具有跨网段广播的功能（路由器需要支持 RFC1542）。DHCP 的运行机制如图 7.1 所示。图 7.1 中有 DHCP 服务器、DHCP 客户机和非 DHCP 客户机。对于 DHCP 客户机，可以从 DHCP 服务器自动获取 IP 地址，而对于非 DHCP 客户机，管理员只能为其分配静态的 IP 地址。

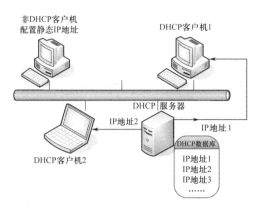

图 7.1　DHCP 的运行机制

2．DHCP 的工作过程

DHCP 客户机使用两种不同的过程与 DHCP 服务器通信并获得 TCP/IP 配置。租约过程的步骤随客户机是初始化还是刷新其租约而有所不同。当客户机首次启动并尝试加入网络时，执行的是初始化过程，而在客户机拥有 IP 地址租约之后将执行刷新过程。

1）初始化过程（IP Request）

DHCP 客户机首次启动时会自动执行初始化过程，以便从 DHCP 服务器获得 IP 地址租约，这个过程如图 7.2 所示，主要分为以下 4 个步骤。

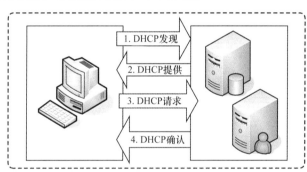

图 7.2　获得 IP 地址租约的过程

（1）计算机发送 DHCP Discover 信息。当计算机被设置为自动获取 IP 地址时，既不知道自己的 IP 地址，也不知道 DHCP 服务器的 IP 地址，它会使用 0.0.0.0 作为自己的 IP 地址，255.255.255.255 作为目标 IP 地址，发送 DHCP Discover 信息。此信息中还包括客户机网卡的 MAC 地址和 NetBIOS 名称，因此，DHCP 服务器能够确定是哪台客户机发送的请求。当发送第一条 DHCP Discover 信息后，DHCP 客户机将等待 1 秒，如果在此期间没有 DHCP 服务器响应，那么 DHCP 客户机将分别在第 9 秒、第 13 秒和第 16 秒重复发送 DHCP Discover 信息。如果仍没有得到 DHCP 服务器的应答，将再每隔 5 分钟广播一次，直到得到应答为止。

同时，Windows XP/7/8 客户机将自动从 Microsoft 保留的 IP 地址段中选择一个自动私有地址（Automatic Private IP Address，APIPA）作为自己的 IP 地址。自动私有 IP 地址的范围是 169.254.0.1～169.254.255.254。使用自动私有 IP 地址可以在 DHCP 服务器不可用时，DHCP 客户机之间仍然可以利用自动私有 IP 地址进行通信。所以，即使在网络中没有 DHCP 服务器，计算机之间仍然可以通过网上邻居发现彼此。

（2）DHCP 服务器发出 DHCP Offer 信息。当网络中的 DHCP 服务器收到 DHCP 客户机的 DHCP Discover 信息后，将从 IP 地址池中选取一个未出租的 IP 地址并利用广播方式提供给 DHCP 客户机。由于 DHCP 客户机还没有合法的 IP 地址，因此该信息仍然使用 255.255.255.255 作为目标 IP 地址。在没有将该 IP 地址正式租用给 DHCP 客户机之前，这个 IP 地址会暂时被保留起来，以免分配给其他的 DHCP 客户机。DHCP 服务器发出的 DHCP Offer 信息提供了客户机需要的相关参数，信息中包含客户机的硬件地址、提供的 IP 地址、子网掩码和租用期限。

如果网络中有多台 DHCP 服务器，这些 DHCP 服务器都收到了 DHCP 客户机的 DHCP Discover 信息，同时这些 DHCP 服务器都广播了一条 DHCP Offer 信息给 DHCP 客户机，则 DHCP 客户机将从收到的第一条应答信息中获得 IP 地址及其配置。

（3）DHCP 客户机以广播方式发送 DHCP Request 信息。一旦收到第一条由 DHCP 服务器提供的 DHCP Offer 信息后，DHCP 客户机将以广播方式发送 DHCP Request 信息给网络中所有的 DHCP 服务器。这样，既通知了所选择的 DHCP 服务器，也通知了其他没有被选中的 DHCP 服务器，以便这些 DHCP 服务器释放其原本保留的 IP 地址供其他 DHCP 客户机使用。此 DHCP Request 信息仍然使用广播的方式，原 IP 地址为 0.0.0.0，目标 IP 地址为 255.255.255.255，在此信息中包含所选择的 DHCP 服务器的地址。

（4）DHCP ACK 信息的确认。一旦被选择的 DHCP 服务器接收到 DHCP 客户机的 DHCP 请求信息后，就将已保留的 IP 地址标识为已租用，并以广播方式将 DHCP ACK 信息发送给 DHCP 客户机。该 DHCP 客户机在接收 DHCP ACK 信息后，就使用此信息提供的相关参数来配置其 TCP/IP 参数并加入网络。

DHCP Discover、DHCP Offer、DHCP Request、DHCP ACK 是 DHCP 租约过程中的 4 种报文。

2）DHCP 租约的更新与释放

DHCP 客户机租用到 IP 地址后，不可能长期占用，而是有使用期限的，即租期。IP 地址的更新既可以自动，也可以手动。

（1）IP 地址的自动更新。DHCP 客户机在它们的租用期限已过去一半时，自动尝试更新其租约。为了尝试更新租约，DHCP 客户机直接向其获取租用的 DHCP 服务器发送一条 DHCP Request 信息。如果该 DHCP 服务器可用，则更新该租约，DHCP 客户机开始一个新的租用周期，并发送给该客户机一条 DHCP ACK 信息，其中包含新的租用期限和已经更新的配置参数。如果 DHCP 服务器暂时不可使用，那么 DHCP 客户机可以继续使用原来的 IP 地址及其配置，但是该客户机在租期达到 87.5%时，需要再次利用广播方式发送一条 DHCP Request 信息，以便找到一台可以继续提供租约的 DHCP 服务器。如果仍然续租失败，则 DHCP 客户机会立即放弃正在使用的 IP 地址，以便重新从 DHCP 服务器获得一个新的 IP 地址。

在以上过程中，当续租失败时，DHCP 服务器会给 DHCP 客户机发送一条 DHCP NAK 信息，如果 DHCP 客户机收到该信息，就说明该 IP 地址已经无效或已被其他的 DHCP 客户机使用。

另外，在 DHCP 客户机重新启动时，不管 IP 地址的租期有没有到期，当 DHCP 客户机重新启动时，都会自动以广播方式向网络中所有的 DHCP 服务器发送 DHCP Discover 信息，请求继续使用原来的 IP 地址信息。

　　（2）IP 地址的手动更新。使用 ipconfig 命令不仅可以进行手动更新，还可以向 DHCP 服务器发送一条 DHCP Request 信息，既可以用于更新配置选项和租用期限，也可以用于释放已分配给客户机的 IP 地址。

　　使用 ipconfig /renew 命令可以更新现有客户机的配置或获得新配置。在 Windows XP 客户机上执行"开始→所有程序→附件→命令提示符"命令，在"命令提示符"窗口中输入 ipconfig /renew，运行结果如图 7.3 所示。

　　输入 ipconfig /all 可以看到 IP 地址及其他相关配置是由 DHCP 服务器 192.168.0.1 分配的，如图 7.4 所示。

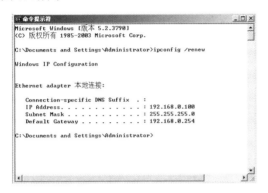 

图 7.3　输入 ipconfig /renew 的运行结果　　　　图 7.4　输入 ipconfig /all 的运行结果

　　使用带 /release 参数的 ipconfig 命令将立即释放主机的当前 DHCP 配置，客户机的 IP 地址及子网掩码均变为 0.0.0.0，其他的配置（如网关等）都将释放掉。在"命令提示符"窗口中输入 ipconfig /release，运行结果如图 7.5 所示。

图 7.5　输入 ipconfig /release 的运行结果

　　注意：以上 ipconfig 命令在运行之前需要对 DHCP 服务器进行配置，关于 DHCP 服务器的配置请参考 7.3 节和 7.4 节。对于 Windows 95/98 的 DHCP 客户机，请使用 winipcfg 命令而不是 ipconfig 命令。

7.1.2　任务实施

　　实现 DHCP 的第一步是安装 DHCP 服务器。在安装 DHCP 服务器之前，需要了解清楚使用 DHCP 服务器的环境。

1. DHCP 服务器的安装要求和 DHCP 客户机的类型

DHCP 服务器的安装要求如下。

（1）运行 Windows Server 2016。

（2）安装 DHCP 服务器。

（3）具有静态的 IP 地址（DHCP 服务器本身不能是 DHCP 客户机）、子网掩码和默认网关。

（4）一个合法的 IP 地址范围，即 DHCP 区域，用于出租或分配给 DHCP 客户机。

DHCP 客户机的类型如下。

（1）Windows XP 或 Windows Server 2016。

（2）其他非 Microsoft 的操作系统，如 Linux、UNIX 及 macOS 等。

2. DHCP 服务器的安装步骤

在 Windows Server 2016 中安装 DHCP 服务器的步骤如下。

（1）以域管理员身份登录需要安装 DHCP 服务器的计算机，在"服务器管理器"窗口中，单击"仪表板"，然后单击右窗格中的"添加角色和功能"链接，打开"添加角色和功能向导"窗口，在"选择服务器角色"界面中，右窗格中显示的是关于 DHCP 服务器的描述信息，如图 7.6 所示。

图 7.6 "选择服务器角色"界面

（2）在"选择服务器角色"界面的"角色"列表框中勾选"DHCP 服务器"复选框，单击"下一步"按钮，打开"DHCP 服务器"界面，在该界面的右窗格中显示的是关于 DHCP 服务器的简介和注意事项，如图 7.7 所示。

（3）单击"下一步"按钮，打开"确认安装所选内容"界面，在该界面的右窗格中显示的是要安装的服务器角色的信息，如图 7.18 所示。

图 7.7 "DHCP 服务器"界面

图 7.8 "确认安装所选内容"界面

单击"安装"按钮开始安装 DHCP 服务器，安装完毕后显示如图 7.9 所示的"安装进度"界面，安装成功后，单击"完成 DHCP 配置"链接，启动 DHCP 安装后配置向导，这里选择在后面配置，单击"关闭"按钮，由此完成 DHCP 服务器的安装。

图 7.9 "安装进度"界面

7.2 任务2 DHCP服务器的基本配置

7.2.1 任务知识准备

1. DHCP服务器授权

在 Windows Server 2016 中，DHCP 服务器与 Active Directory 集成，为 DHCP 服务器提供授权操作。未经授权的 DHCP 服务器可能分配不正确的地址。作为域控制器或 AD 域成员的 DHCP 服务器向 AD 查询授权服务器列表（通过 IP 地址来标识）。如果它自己的 IP 地址不在授权的 DHCP 服务器列表中，DHCP 服务器就不会完成其启动序列并自动关闭。

对于不是 AD 域成员的 DHCP 服务器，DHCP 服务器将发送一条 DHCPInform 信息，以请求在其中安装和配置其他 DHCP 服务器的 Active Directory 根域的信息。网络中的其他 DHCP 服务器使用 DHCP ACK 信息进行响应，其中包含查询 DHCP 服务器用来查找 Active Directory 根域的信息。发起方 DHCP 服务器向 Active Directory 查询已授权 DHCP 服务器列表，并且只启动其自身地址在列表中的 DHCP 服务器。

2. 授权的工作方式

DHCP 服务器计算机的授权过程取决于网络中安装的服务器角色。每台服务器计算机可安装 3 种角色或服务器类型。

（1）域控制器：此计算机保持和维护 Active Directory 数据库中的一个副本，并为域成员用户和计算机提供安全账户管理。

（2）成员服务器：此计算机不作为域控制器运行，而是已加入在 Active Directory 数据库具有成员账户的域中。

（3）独立服务器：此计算机不作为域控制器或域中的成员服务器运行。相反，服务器计算机通过指定的工作组名在网络中公开，工作组名可与其他计算机共享，但只用于计算机浏览，不为共享域资源提供安全登录访问权限。因此，如果配置 Active Directory，那么作为 DHCP 服务器运行的所有计算机必须成为域控制器或域成员服务器，才能被授权和为客户端提供 DHCP 服务。

可以将独立服务器作为 DHCP 服务器，只要它不在具有任何已授权 DHCP 服务器的子网中，一般不推荐这样做。当独立 DHCP 服务器检测到同一子网中的授权服务时，它会自动停止将 IP 地址租给 DHCP 客户机。

3. DHCP 作用域

在安装 DHCP 服务后，用户必须先添加一个授权的 DHCP 服务器，在服务器中添加作用域，并设置相应的 IP 地址范围及选项类型，以便 DHCP 客户机在登录网络时，能够获得 IP 地址租约和相关选项的设置参数。

一个 DHCP 作用域（DHCP Scope）是一个合法的 IP 地址范围，用于向特定子网中的客户机出租或分配 IP 地址。作用域可用于对使用 DHCP 服务的计算机进行管理性分组。可以在 DHCP 服务器上配置一个作用域，用于确定 IP 地址池，该服务器可以将这些 IP 地址指定给 DHCP 客户机。管理员首先为每个物理子网创建作用域，然后使用该作用域定义 DHCP 客户机使用的参数。

每个作用域都具有以下属性。

（1）可以租用为 DHCP 客户机分配的 IP 地址，可以在其中设置排除选项，如设置为排除的 IP 地址将不分配给 DHCP 客户机使用。

（2）子网掩码，用于确定给定 IP 地址的子网，此选项创建作用域后无法修改。

（3）创建作用域时指定的名称。

（4）租用期限值，分配给 DHCP 客户机。

（5）DHCP 作用域选项，如 DNS 服务器、路由器 IP 地址和 WINS 服务器的 IP 地址等。

（6）保留（可选），用于确保某个确定 MAC 地址的 DHCP 客户机总能从此 DHCP 服务器获得相同的 IP 地址。

7.2.2　任务实施

1．DHCP 服务器的授权

（1）以域管理员账户登录 DHCP 服务器，执行"开始→管理工具→DHCP"命令，打开如图 7.10 所示的 DHCP 窗口。在 DHCP 窗口中，如果看到当前的 IPv4 状态标识是红色向下的箭头，则表示该 DHCP 服务器未被授权，当前 DHCP 服务器处于"未经授权"状态。

（2）右击 DHCP，在弹出的快捷菜单中选择"管理授权的服务器"命令，打开如图 7.11 所示的"管理授权的服务器"对话框，单击"授权"按钮，打开"授权 DHCP 服务器"对话框，在"名称或 IP 地址"文本框中输入要授权的 DHCP 服务器的主机名或 IP 地址，在此输入 192.168.2.7，如图 7.12 所示。

图 7.10　DHCP 窗口

图 7.11　"管理授权的服务器"对话框

（3）单击"确定"按钮，打开"确认授权"对话框，该对话框中显示了将要授权的 DHCP 服务器的名称和 IP 地址，如图 7.13 所示。对 DHCP 服务器的主机名和 IP 地址进行确认后单击"确定"按钮，返回"管理授权的服务器"对话框，被授权的 DHCP 服务器会出现在"授权的 DHCP 服务器"列表中。选取列表中授权的服务器后单击"确定"按钮，在打开的对话框中继续单击"确定"按钮，由此完成 DHCP 服务器的授权。

图 7.12　"授权 DHCP 服务器"对话框　　　　图 7.13　"确认授权"对话框

2. 创建 DHCP 作用域

下面介绍 DHCP 作用域的创建过程。

（1）以域管理员账户登录 DHCP 服务器并打开 DHCP 窗口，在该窗口中展开服务器，右击 IPv4，在弹出的快捷菜单中选择"新建作用域"命令，打开"新建作用域向导"对话框，如图 7.14 所示。单击"下一步"按钮，显示"作用域名称"界面，在该界面中设置作用域的识别名称和相关的描述信息。

（2）单击"下一步"按钮，显示"IP 地址范围"界面，在此界面中设置作用域的 IP 地址范围和子网掩码。在"输入此作用域分配的地址范围"选项组中设置允许分配给 DHCP 客户机的 IP 地址的起止范围，此外的"起始 IP 地址"和"结束 IP 地址"分别为 192.168.2.100 和 192.168.2.200，"子网掩码"为 255.255.255.0，也可以直接将子网掩码的"长度"设置为 24，如图 7.15 所示。

图 7.14　"新建作用域向导"对话框　　　　图 7.15　"IP 地址范围"界面

（3）单击"下一步"按钮，显示"添加排除和延迟"界面。如果在 IP 地址作用域中的某些地址不想分配给客户机使用，则可以在"起始 IP 地址"文本框与"结束 IP 地址"文本框中分别输入这段地址的起止范围，单击"添加"按钮，将其添加至"排除的地址范围"列表中。如图 7.16 所示，将"192.168.2.124 到 192.168.2.130"这 7 个 IP 地址排除在作用域之外。如果还包括其他排除地址，则可以按类似的方法继续操作，单击"下一步"按钮。

（4）打开"租用期限"界面。租用期限默认为 8 天，在此设置为 365 天，如图 7.17 所示。

对于台式计算机较多的网络来说，租用期限可以长一些，这样有利于提高网络传输效率；而对于笔记本电脑较多的网络来说，租用期限相对短一些较为合适，这样有利于计算机及时获取新的 IP 地址。由于 DHCP 在分配 IP 地址时会产生大量的广播数据包，并且租用期限太短广播会变得频繁，从而降低网络的效率，因此一般应选择租用期限相对稍长的设置。

图 7.16　"添加排除和延迟"界面　　　　　　　　图 7.17　"租用期限"界面

（5）单击"下一步"按钮，显示"配置 DHCP 选项"界面。DHCP 服务器除分配 IP 地址外，还可以一起为客户机配置 DNS 服务器、WINS 服务器及默认网关等相关参数。在如图 7.18 所示的界面中，选中"是，我想现在配置这些选项"单选按钮，单击"下一步"按钮。

（6）打开"路由器（默认网关）"界面（见图 7.19）。在"IP 地址"文本框中输入默认网关的 IP 地址，单击"添加"按钮。这里可以使用同样的方法添加多个默认网关的 IP 地址。若设置多个默认网关的 IP 地址，则 IP 地址较上者优先使用。如果采用代理共享 Internet 接入，那么代理服务器的内部 IP 地址就是默认网关；如果采用路由器接入 Internet，那么路由器以太网口的 IP 地址就是默认网关；如果局域网划分有 VLAN，那么 VLAN 的 IP 地址就是默认网关。单击"下一步"按钮。

图 7.18　"配置 DHCP 选项"界面　　　　　　　图 7.19　"路由器（默认网关）"界面

（7）打开"域名称和 DNS 服务器"界面，如图 7.20 所示。在"IP 地址"文本框中输入 DNS 服务器的 IP 地址，如 192.168.2.128，单击"添加"按钮。也可以在 IP 地址栏中输入多台 DNS 服务器的 IP 地址，这样当第一台 DNS 服务器发生故障后，仍然能实现 DNS 解析。

（8）单击"下一步"按钮，打开"WINS 服务器"界面，如图 7.21 所示。如果在网络中安装了 WINS 服务器，则在"IP 地址"文本框中输入 WINS 服务器的 IP 地址，如 192.168.2.129，单击"添加"按钮，否则保持各文本框为空。单击"下一步"按钮。

图 7.20　输入 DNS 服务器的 IP 地址　　　　图 7.21　"WINS 服务器"界面

（9）在如图 7.22 所示的"激活作用域"界面中，选中"是，我想现在激活此作用域"单选按钮，激活该 DHCP 服务器，为网络提供 DHCP 服务。需要注意的是，DHCP 服务器必须在激活作用域后才能提供 DHCP 服务。

图 7.22　"激活作用域"界面

单击"下一步"按钮，打开"正在完成新建作用域向导"界面，显示已经成功地完成了 DHCP 服务器的搭建。单击"完成"按钮，结束在 DHCP 服务器中添加作用域的操作。

7.3 任务 3 配置 DHCP 选项

7.3.1 任务知识准备

1. DHCP 选项的概念

DHCP 选项不仅定义了 IP 地址和子网掩码，还定义了 DHCP 服务器分配给 DHCP 客户机的其他 TCP/IP 选项。网关地址、DNS 服务器、WINS 服务器等仅是常见的几种 DHCP 选项，Windows Server 2016 的 DHCP 服务器中自带了 70 多种 DHCP 选项，此外，还可以自定义分配给 DHCP 客户机的 DHCP 选项。

DHCP 提供了用于将配置信息传送给网络中的客户机的内部框架结构，在 DHCP 服务器及其客户机之间交换的协议信息中存储了标记数据项携带的配置参数和其他控制信息，这些数据项被称为选项。

2. DHCP 选项的分类

可以通过 DHCP 服务器进行不同级别的选项配置，主要的选项包括服务器选项、作用域选项、保留选项及类别选项。

1）服务器选项

在此赋值的选项默认应用于 DHCP 服务器中的所有作用域和客户机或由它们默认继承；此处配置的选项可以被作用域、选项类别或保留客户端级别值所覆盖。

2）作用域选项

在此赋值的选项仅应用于 DHCP 窗口树中选定的适当作用域的客户机；此处配置的选项可以被选项类别或保留客户端级别值所覆盖。

3）保留选项

在此赋值的选项仅应用于特定的 DHCP 保留客户机。要使用该级别的指派，必须先为相应客户机在向其提供 IP 地址的相应 DHCP 服务器和作用域中添加保留。这些选项为作用域中使用地址保留配置的单独 DHCP 客户机而设置。只有在客户端上手动配置的属性才能代替在该级别指派的选项。

4）类别选项

在 DHCP 服务器上，DHCP 客户机可以标识它们自己所属的类别，根据所处环境，只有所选类别标识自己的 DHCP 客户机才能分配到为该类别配置的选项数据。例如，运行 Windows 7 的客户机可以接收不同于网络中其他客户机的选项。类别选项的配置优先于作用域或服务器级别的配置。

在上述 4 个类别中，DHCP 选项的优先级从高到低分别是保留选项→类别选项→作用域选项→服务器选项。例如，一台 DHCP 客户机同时定义了两个级别的选项，服务器级别的"003 路由器"的选项值为 192.168.0.254，而作用域级别的"003 路由器"的选项值为 192.168.0.1，由于作用域级别的 DHCP 选项的优先级高于服务器级别的 DHCP 选项的优先级，因此最终这台 DHCP 客户机的"003 路由器"的选项值为 192.168.0.1。

3. 常用的 DHCP 选项

在为客户机设置了基本的 TCP/IP 配置后，大多数客户端还需要 DHCP 服务器通过 DHCP 选项提供其他信息，其中常见信息如表 7.1 所示。

表 7.1　DHCP 选项提供的常见信息

选项	描述
003 路由器	路由器的 IP 地址、默认网关的 IP 地址
006 DNS 服务器	DNS 服务器的 IP 地址
015 DNS 域名	用户的 DNS 域名
044 WINS/NBNS 服务器	用户可以得到的 WINS 服务器的 IP 地址。如果 WINS 服务器的 IP 地址是在用户机器上手动配置的，则它覆盖此选项的设置值
046 WINS/NBT 节点类型	运行 TCP/IP 的客户机上用于 NetBIOS 名称解析的节点类型，有以下几个选项： 1-B 节点（广播节点） 2-P 节点（点对点节点） 3-M 节点（混合节点） 4-H 节点（杂交节点）
047 NetBIOS 作用域 ID	在 TCP/IP 网络中，NetBIOS 只与使用相同 ID 的 NetBIOS 宿主机通信

7.3.2　任务实施

1. 配置 DHCP 服务器选项

在 DHCP 服务器上配置 DHCP 服务器选项，具体步骤如下。

1）打开"服务器选项"对话框

以域管理员身份登录 DHCP 服务器，打开 DHCP 窗口，依次展开服务器和"作用域选项"，右击"服务器选项"，在弹出的快捷菜单中选择"配置选项"命令，如图 7.23 所示，打开"服务器选项"对话框。

图 7.23　选择"配置选项"命令

2）设置服务器选项

在"服务器选项"对话框中，勾选"003 路由器"复选框，路由器就是局域网网关，在"IP 地址"文本框中输入网关地址，此处输入 192.168.2.1，如图 7.24 所示，先单击"添加"按钮，再单击"应用"按钮即可。

在"服务器选项"对话框中，勾选"006 DNS 服务器"复选框，在"IP 地址"文本框中输入 DNS 服务器的 IP 地址，此处输入 192.168.2.2，如图 7.25 所示，先单击"添加"按钮，再单击"应用"按钮即可。

图 7.24　设置路由器的 IP 地址

图 7.25　设置 DNS 服务器的 IP 地址

在"服务器选项"对话框中，勾选"044 WINS/NBNS 服务器"复选框，在"IP 地址"文本框中输入 WINS 服务器的 IP 地址，此处输入 192.168.2.3，如图 7.26 所示，先单击"添加"按钮，再单击"应用"按钮即可。

在"服务器选项"对话框中，勾选"015 DNS 域名"复选框，在"字符串值"文本框中输入 DNS 域名，此处输入 lingnan.com，如图 7.27 所示，单击"确定"按钮，完成添加操作，并返回 DHCP 窗口，在窗口的右窗格中可以看到刚刚创建的服务器选项，如图 7.28 所示。

图 7.26　设置 WINS/NBNS 服务器的 IP 地址

图 7.27　设置 DNS 域名

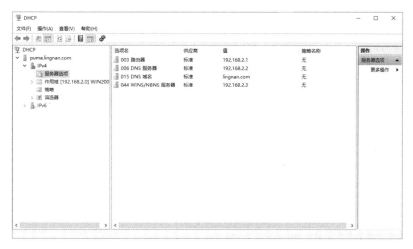

图 7.28   配置服务器选项后的效果

2. 配置 DHCP 作用域选项

在已配置服务器选项的 DHCP 服务器上配置作用域选项并比较两者的优先级,具体步骤如下。

1)打开"作用域选项"对话框

以域管理员身份登录 DHCP 服务器,打开 DHCP 窗口,依次展开服务器和"作用域选项",单击"作用域选项",可以看到当前的作用域选项是继承服务器选项的,如图 7.29 所示,其中"006 DNS 服务器"的 IP 地址为 192.168.2.2。

图 7.29   未配置作用域选项的效果

右击"作用域选项",在弹出的快捷菜单中选择"配置选项"命令,如图 7.30 所示,打开"作用域选项"对话框。

2)设置作用域选项

在"作用域选项"对话框中,勾选"006 DNS 服务器"复选框,在"IP 地址"文本框中输入 DNS 服务器的 IP 地址 202.103.10.5,如图 7.31 所示,先单击"添加"按钮,再单击"确定"按钮。

图 7.30　选择"配置选项"命令

返回如图 7.32 所示的 DHCP 窗口，单击窗口的左窗格中的"作用域选项"，窗口的右窗格中将显示作用域选项，可以看出当前作用域选项中的"006 DNS 服务器"的 IP 地址已经变为 202.103.10.5，由此说明作用域选项的优先级高于服务器选项的。

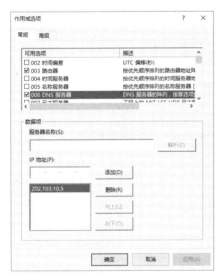

图 7.31　设置 DNS 服务器的 IP 地址　　　　图 7.32　配置完作用域选项后的效果

其他选项的配置方法与此类似，这里不再逐一介绍。

7.4　任务 4　跨网段的 DHCP 配置

7.4.1　任务知识准备

跨网段的 DHCP 配置在应用中以使用 DHCP 中继代理技术为主，本任务将介绍 DHCP 中继代理的应用场合和工作原理。

1．DHCP 中继代理的应用场合

现在的企业在组网时，根据实际需要通常会划分 VLAN，如何让一台 DHCP 服务器同时为多个网段提供服务就是本任务需要讨论的问题。

在大型网络中，可能存在多个子网，DHCP 客户机通过网络广播信息获得 DHCP 服务器的响应后得到 IP 地址，但是，广播信息无法跨越子网，因此，如果 DHCP 客户机和 DHCP 服务器在不同的子网中，那么 DHCP 客户机将无法向 DHCP 服务器申请 IP 地址，为了解决该问题，必须使用 DHCP 中继代理技术。

DHCP 中继代理实际上是一种软件技术，安装了 DHCP 中继代理的计算机称为 DHCP 中继代理服务器，它承担了不同子网间的 DHCP 客户机和 DHCP 服务器之间的通信任务。

2．DHCP 中继代理的工作原理

中继代理将其连接的其中一个物理端口（如网卡）上广播的 DHCP/BOOTP 信息中转到其他物理端口连接的其他远程子网。图 7.33 显示了子网 2 中的 DHCP 客户机 C 是如何从子网 1 中的 DHCP 服务器上获得 DHCP 地址租约的。

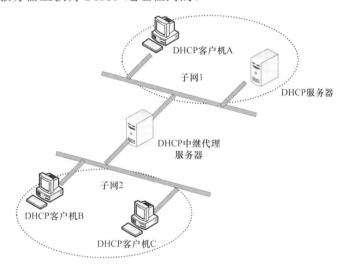

图 7.33　DHCP 中继代理

子网 2 中的 DHCP 客户机 C 从子网 1 中的 DHCP 服务器上获取 IP 地址的具体过程如下。

（1）DHCP 客户机 C 使用端口 67 在子网 2 中广播 DHCP Discover 信息。

（2）DHCP 中继代理服务器检测到 DHCP Discover 信息中的网关 IP 地址字段。如果该字段有 IP 地址 0.0.0.0，那么代理文件先在其中填入中继代理的 IP 地址，然后将信息转发到 DHCP 服务器所在的远程子网 1。

（3）远程子网 1 中的 DHCP 服务器收到此信息时，会为该 DHCP 服务器可用于提供 IP 地址租约的 DHCP 作用域检查其网关 IP 地址字段。

（4）如果 DHCP 服务器有多个 DHCP 作用域，那么网关 IP 地址字段（GIADDR）中的地址会标识将从哪个 DHCP 作用域提供 IP 地址租约。

例如，如果网关 IP 地址字段（GIADDR）有 172.16.0.2，那么 DHCP 服务器就会检查其可用的地址作用域中是否有与包含作为主机的网关地址匹配的地址作用域范围。在这种情况下，DHCP 服务器将对范围为 172.16.0.1～172.16.0.254 的地址作用域进行检查，如果存在匹

配的作用域，那么 DHCP 服务器从匹配的作用域中选择可用地址，以便在对 DHCP 客户机的 IP 地址租约提供响应时使用。

（5）当 DHCP 服务器收到 DHCP Discover 信息时，它会处理 IP 地址租约（DHCP Offer）并将其直接发送给在网关 IP 地址字段（GIADDR）中标识的 DHCP 中继代理服务器。

（6）路由器将地址租约（DHCP Offer）转发给 DHCP 客户机。此时，DHCP 客户机的 IP 地址仍无人知道，因此，它必须在本地子网上广播。同样，DHCP Request 信息通过 DHCP 中继代理服务器从 DHCP 客户机转发到 DHCP 服务器，而 DHCP ACK 信息通过 DHCP 中继代理服务器从 DHCP 服务器转发到 DHCP 客户机。

7.4.2 任务实施

1．任务实施拓扑结构

在架设 DHCP 中继代理服务器实现跨网段 DHCP 之前，下面先对部署的要求和拓扑结构进行介绍。

1）部署的要求

在部署 DHCP 中继代理服务器之前需要满足以下条件。

（1）设置 DHCP 服务器的 TCP/IP 属性，包括手动指定 IP 地址、子网掩码、默认网关和 DNS 服务器的 IP 地址等。

（2）设置 DHCP 中继代理服务器的 TCP/IP 属性，包括手动指定 IP 地址、子网掩码、默认网关和 DNS 服务器的 IP 地址等。

（3）部署域环境，域名为 lingnan.com。

（4）架设好 DHCP 服务器，DHCP 中继代理服务器安装好"远程访问"角色。

2）拓扑结构

本任务是在一个域环境中实现的，域名为 lingnan.com。DHCP 服务器的主机名为 PUMA，该服务器也是域控制器，IP 地址为 192.168.2.20。DHCP 中继代理服务器的主机名为 server，该服务器通过两块网卡连接两个子网，其中一块网卡配置的 IP 地址为 192.168.137.133，另一块网卡配置的 IP 地址为 192.168.2.21，这两台计算机都是域中的计算机。

任务实施的目的是，通过 DHCP 中继代理服务器使子网 1 中的客户端计算机动态获取 IP 地址。需要注意的是，在实际应用中，中继代理服务器既可以是网关的服务器，也可以是子网中的某台计算机。

任务实施拓扑结构如图 7.34 所示。

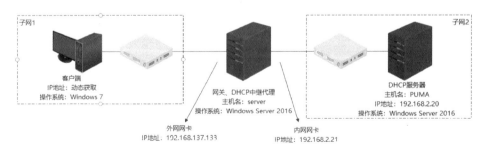

图 7.34　任务实施拓扑结构

2．配置 DHCP 服务器

以域管理员身份登录 DHCP 服务器创建作用域，该作用域的 IP 地址范围为 192.168.2.50～192.168.2.100，租用期限为 8 天，创建完成后的效果如图 7.35 所示。

图 7.35　创建完成后的效果

需要注意的是，在 DHCP 服务器上必须正确配置网关为 192.168.2.21，DNS 配置为192.168.2.20。

3．配置 DHCP 中继服务器

1）增加 LAN 路由功能

以域管理员身份登录 DHCP 中继代理服务器，选择"开始→程序→Windows 管理工具→路由和远程访问"命令，打开"路由和远程访问"窗口，右击服务器，在弹出的快捷菜单中选择"配置并启用路由和远程访问"命令，打开"路由和远程访问服务器安装向导"对话框，如图 7.36 所示，选中"自定义配置"单选按钮。

单击"下一步"按钮，显示"自定义配置"界面，勾选"LAN 路由"复选框，如图 7.37所示。

图 7.36　自定义配置

图 7.37　勾选"LAN 路由"复选框

单击"下一步"按钮，显示"正在完成路由和远程访问服务器安装向导"界面，单击"完成"按钮即可。

2）新增 DHCP 中继代理程序

在"路由和远程访问"窗口中，依次展开服务器，右击"常规"，在弹出的快捷菜单中选择"新增路由协议"命令，在打开的对话框中选择 DHCP Relay Agent 选项，如图 7.38 所示。

图 7.38　新增 DHCP 中继代理程序

3）新增接口

单击"确定"按钮，返回"路由和远程访问"窗口，右击"DHCP 中继代理"，在弹出的快捷菜单中选择"新增接口"命令，打开"DHCP Relay Agent 的新接口"对话框，在该对话框中可以指定与 DHCP 客户机连接的网络连接，此处选择"外网网卡"选项，如图 7.39 所示。

注意：这里新增的接口用于连接客户机网段，因为客户机是通过此接口获得活动 IP 地址的；由于本任务使用"外网网卡"连接客户机，因此这里选择"外网网卡"选项。

单击"确定"按钮，打开"DHCP 中继属性-外网网卡 属性"对话框，在"常规"选项卡中采用默认设置，如图 7.40 所示。

图 7.39　选择"外网网卡"选项

图 7.40　新增接口属性

图 7.40 中的属性的含义如下："跃点计数阈值"选项用于指定广播发送的 DHCP 信息最

多可以经过的路由器台数，即 DHCP 客户机和 DHCP 服务器通信时经过的路由器台数；"启动阈值"选项用于指定 DHCP 中继代理服务器将 DHCP 客户机发出的 DHCP 信息转发给其他网络中的 DHCP 服务器之前的等待时间。

4）指定 DHCP 服务器的 IP 地址

单击"确定"按钮，返回"路由和远程访问"窗口，右击"DHCP 中继代理"，在弹出的快捷菜单中选择"属性"命令，打开"DHCP 中继代理 属性"对话框，切换至"常规"选项卡，在"服务器地址"文本框中输入 DHCP 服务器的 IP 地址 192.168.2.20，如图 7.41 所示，单击"确定"按钮，完成 DHCP 中继代理的配置。

4. 客户端验证

以域管理员身份登录 DHCP 客户机 client，使用 ipconfig/all 命令申请 IP 地址，如图 7.42 所示。

图 7.41　指定 DHCP 服务器的 IP 地址　　　　　　　图 7.42　申请 IP 地址

此时，客户机先从 DHCP 动态获取了 IP 地址 192.168.2.50，然后以域管理员身份登录 DHCP 服务器，依次展开服务器和"作用域"，单击"地址租约"，在窗口的右窗格中显示其中一个 IP 地址已经租给客户端 client，如图 7.43 所示。

图 7.43　在 DHCP 服务器上查看地址租约

7.5 任务5 监视 DHCP 服务器

7.5.1 任务知识准备

由于 DHCP 服务器在大多数环境下具有重要作用,因此监视它们的性能可以帮助用户诊断服务器性能降低的情况。通常,监视 DHCP 服务器的主要方法包括查看统计信息和审核日志。

DHCP 的统计信息描述了自 DHCP 服务器启动以来所收集到的有关服务器和作用域的情况。而审核日志对于安全审核的用途来讲并不实用,但是在解决 DHCP 服务器相关的问题方面非常实用。

基于 Windows Server 2016 的 DHCP 服务器提供了增强审计能力的日志功能和服务器参数,管理员可以指定以下功能。

(1) DHCP 服务器存储审核日志文件的目录路径,DHCP 审核日志默认位于%windir%\System32\Dhcp 文件夹中。

(2) DHCP 服务器创建和存储的所有审核日志文件可以采用的磁盘空间总容量的最大限制(以 MB 计算)。

(3) 磁盘检查间隔,用于确定在检查服务器上可用磁盘空间之前 DHCP 服务器向日志文件写多少次审核日志事件。

(4) 服务器磁盘空间的最小容量(以 MB 计算),要求在磁盘检查期间确定服务器是否有足够的空间继续审核日志。

DHCP 服务器的服务基于本周当天的审计文件名称,是通过检查服务器上的当前日期和时间进行确定的。

例如,如果 DHCP 服务器启动时的当前日期和时间为星期一、2013 年 12 月 28 日、05:20:12 P.M,则服务器审核日志文件将被命名为 DhcpSrvLog-Mon。

7.5.2 节将介绍如何查看统计信息和审核日志。

7.5.2 任务实施

1. 查看统计信息

1)查看 DHCP 服务器的统计信息

以域管理员身份登录 DHCP 服务器,右击 DHCP 窗口中的服务器,在弹出的快捷菜单中选择"显示统计信息"命令,如图 7.44 所示。

打开如图 7.45 所示的"服务器 puma.lingnan.com 统计"对话框,可以看到服务器上有 1 个作用域,地址总计为 94 个,已经使用 0 个。

2)查看 DHCP 作用域的统计信息

右击 DHCP 窗口中的"作用域",在弹出的快捷菜单中选择"显示统计信息"命令,如图 7.46 所示。

图 7.44 显示 DHCP 服务器统计信息   图 7.45 DHCP 服务器统计信息结果

打开如图 7.47 所示的"作用域 192.168.2.0 统计"对话框，可以看到该作用域的地址有 94 个，已经使用 0 个。

图 7.46 显示作用域统计信息   图 7.47 显示作用域统计信息的结果

2. 查看审核日志

1）查看审核日志的存储路径

以域管理员身份登录 DHCP 服务器，右击 DHCP 窗口中的服务器，在弹出的快捷菜单中选择"属性"命令，打开"IPv4 属性"对话框。

切换至"常规"选项卡（见图 7.48），默认勾选"启用 DHCP 审核记录"复选框，这样每天都会将服务器活动写入一个文件中。

在"IPv4 属性"对话框中，切换至"高级"选项卡，可以看到默认的审核日志的存储路径，如图 7.49 所示。在实际应用中，为了确保服务器的安全性，可以根据需要修改该路径。

2）查看审核日志文件

打开文件夹 C:\WINDOWS\system32\dhcp，如图 7.50 所示，其中的 DhcpSrvLog-Sun.log 和 DhcpV6SrvLog-Sun.log 就是审核日志文件。

打开 DhcpSrvLog-Sun.log 审核日志文件，如图 7.51 所示。

图 7.48　"常规"选项卡

图 7.49　审核日志存储路径

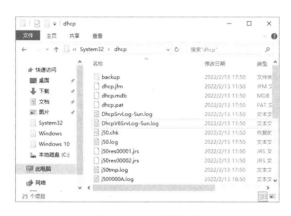

图 7.50　显示审核日志

图 7.51　DhcpSrvLog-Sun.log 审核日志文件

3．管理 DHCP 数据库

DHCP 服务器中的数据全部存放在%Systemroot%\system32\dhcp 文件夹下名为 dhcp.mdb 的数据库文件中。%Systemroot%\system32\dhcp 文件夹中还有其他一些辅助性的文件，这些文件对 DHCP 服务器的正常运行具有关键作用，因此不能随意删除或修改。另外，还需要对相关数据进行安全备份，以备系统出现故障时可以进行恢复。

1）DHCP 数据库的备份

在%Systemroot%\system32\dhcp 文件夹中有一个名为 backup 的子文件夹，该文件夹中保存了对 DHCP 数据库及相关文件的备份。DHCP 服务器每隔 60 分钟就会将 backup 文件夹中的数据更新一次，完成一次备份操作。

出于安全考虑，建议用户将%Systemroot%\system32\dhcp\backup 文件夹中的所有内容进行备份，以备系统出现故障时可以进行恢复。需要注意的是，在对数据进行备份之前，必须先停止 DHCP 服务，以保证数据的完整性。DHCP 服务的停止可以在"DHCP 管理"窗口中进行操作，也可以在"命令提示符"窗口中使用 net stop dhcpserver 命令完成（启动 DHCP

服务的命令是 net start dhcpserver）。

2）DHCP 数据库的还原

当 DHCP 服务启动时，它会自动检查 DHCP 数据库是否损坏。一旦检测到错误，就可以自动用备份的数据库来修复错误。此外，如果事件日志包含 Jet 数据库消息（这种消息表示 DHCP 数据库中有错误），一旦发现损坏，则自动用%Systemroot%\system32\dhcp\backup 文件夹中的数据进行还原。但当 backup 文件夹中的数据损坏时，系统将无法自动完成还原工作，也不能提供相关的服务。此时，只能用手动的方法先将上面备份的数据还原到 dhcp 文件夹中，然后重新启动 DHCP 服务。DHCP 数据库的备份和还原操作如图 7.52 所示。

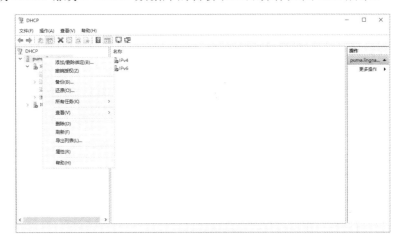

图 7.52　DHCP 数据库的备份和还原操作

如果 DHCP 数据库损坏，还可以利用 jetpack 程序进行修复。jetpack 程序包含在 Windows Server 2016 中，另外，jetpack 程序还具有压缩数据库的功能，可以使数据库保持紧凑。

实训 7　Windows Server 2016 中 DHCP 的配置和管理

一、实训目标

（1）熟悉 Windows Server 2016 中 DHCP 服务器的安装。
（2）掌握 Windows Server 2016 中 DHCP 服务器的配置。
（3）熟悉 Windows Server 2016 中 DHCP 客户机的配置。

二、实训准备

（1）网络环境：已搭建好的 100Mbit/s 的以太网，包含交换机、超五类（或五类）UTP 直通线若干、3 台或 3 台以上的计算机（具体数量可以根据学生人数安排）。

（2）服务器端计算机配置：CPU 为 Intel Pentium 4 以上版本，内存不小于 1GB，硬盘剩余空间不小于 20GB，并且已安装 Windows Server 2016，或者已安装 VMware Workstation 13 以上版本，同时硬盘中有 Windows Server 2016、Windows XP 和 Windows 7 的安装程序，服务器为双网卡配置或在虚拟机中创建两个网络适配器，其中一个适配器为桥接模式，作为连接内网的网卡，另一个适配器为 NAT 模式，作为连接外网的网卡。

（3）客户端计算机配置：CPU 为 Intel Pentium 4 以上版本，内存不小于 1GB，硬盘剩余空间不小于 20GB，并且已安装 Windows XP 或 Windows 7，或者已安装 VMware Workstation 13 以上版本，同时硬盘中有 Windows XP 和 Windows 7 的安装程序。

三、实训步骤

采用如图 7.39 所示的拓扑结构，包括 3 台计算机，一台作为 DHCP 服务器，一台作为 DHCP 中继服务器，另一台作为 DHCP 客户机。

约定 DHCP 服务器的机器名为 server1，DHCP 中继服务器的机器名为 server2，DHCP 客户机的机器名为 client。

（1）为 server1 计算机上安装 DHCP 服务器，并设置其 IP 地址为 192.168.1.250，子网掩码为 255.255.255.0，网关和 DNS 分别为 192.168.1.1 和 192.168.1.2。

（2）新建作用域名为 intranet，IP 地址为 192.168.1.1～192.168.1.254，掩码长度为 24。

（3）排除地址范围为 192.168.1.1～192.168.1.5 及 192.168.1.250～192.168.1.254。

（4）设置 DHCP 服务的租用期限为 24 小时。

（5）为 server2 计算机的双网卡进行 IP 地址配置，连接 server1 计算机的网卡的 IP 地址为 192.168.1.1，连接 client 计算机的网卡的 IP 地址为 172.16.1.1。

（6）在 server2 计算机上进行 DHCP 中继代理的配置。

（7）在 client 计算机上设置动态获取 IP 地址。

（8）在 DHCP 服务器的地址租约中查看是否有 IP 地址被客户端使用。

（9）在 client 计算机上测试 DHCP 服务器的运行情况，用 ipconfig /all 命令查看分配的 IP 地址、默认网关等信息是否正确。

（10）备份和还原 DHCP 数据库。

习　题　7

一、填空题

1. DHCP 的租约过程包括 4 种报文，分别是_____、_____、_____和_____。

2. DHCP 选项主要包括 4 类，分别是_____、_____、_____和_____。

3. 在 DHCP 客户机上使用_____命令可以更新现有客户端的 IP 地址或重新获得 IP 地址，使用_____命令可以立即释放主机当前的 DHCP 配置。

4. 为了防止非法的 DHCP 服务器为客户机提供不正确的 IP 地址，需要配置_____。

5. 跨网段的 DHCP 配置在实际应用中以使用_____技术为主。

二、选择题

1. 管理员在 Windows Server 2016 中安装完 DHCP 服务器后，打开 DHCP 窗口，发现服务器前面的箭头为红色且向下，为了使该箭头变成绿色且向上，应该执行的操作是（　　　）。

    A．创建新作用域　　　　　　　　　　B．授权 DHCP 服务器

C．激活新作用域　　　　　　D．配置服务器选项

2．DHCP 选项的设置中不可以设置的是（　　　）。

A．DNS 服务器　　　　　　　B．DNS 域名

C．WIINS 服务器　　　　　　D．计算机名

3．在 Windows 操作系统中，可以使用（　　　）命令查看 DHCP 服务器分配给本机的 IP 地址。

A．ipconfig /all　　　　　　　B．ipconfig /get

C．ipconfig /see　　　　　　　D．ipconfig /find

4．在默认情况下，DHCP 服务器的数据库及相关文件的备份存放在（　　　）文件夹中。

A．\winnt\dhcp　　　　　　　B．\windows\system

C．\windows\system32\dhcp　　D．\programs files\dhcp

三、简答题

1．DHCP 有哪些优点和缺点？

2．简述 DHCP 服务器的工作过程。

3．如何配置 DHCP 选项？

4．中继代理有什么作用？如何配置 DHCP 中继代理？

5．如何备份与还原 DHCP 数据库？

项目 8　架设 Web 服务器和 FTP 服务器

【项目情景】

　　为了推广销售与加强广告宣传力度，天华玩具公司想把自己的产品和相关业务在网站上推广实施，所以需要制作自己的网站。目前，该公司已有域名为 www.babytoy.com，那么该公司的网络管理员还需要做哪些服务配置来实现网站可以被浏览与访问的要求呢？如果要配置 Web 服务器，那么如何配置呢？另外，如果员工想方便、快捷地通过服务器上传和下载文件，那么还需要配置什么服务呢？可以在公司内网配置一台 FTP 服务器来满足员工安全、快速地上传和下载文件的要求，那么应该如何配置的呢？

【项目分析】

　　（1）在公司外网建立 Web 服务器，利用 IIS 10.0 提供的 Web 技术实现用户对公司网站的安全访问。

　　（2）在公司网内建立 FTP 服务器，利用 IIS 10.0 提供的 FTP 技术可以实现公司员工或特殊用户安全上传和下载文件。

【项目目标】

　　（1）理解 IIS 10.0 提供的服务。
　　（2）学会 Web 服务器的配置。
　　（3）学会 FTP 服务器的配置。

【项目任务】

　　任务 1　　Web 服务器的安装
　　任务 2　　Web 服务器的配置
　　任务 3　　FTP 服务器的配置
　　任务 4　　IIS 常见故障的排除

8.1　任务 1　Web 服务器的安装

8.1.1　任务知识准备

1．IIS 10.0 概述

　　IIS（Internet Information Service，Internet 信息服务）　10.0 是 Windows Server 2016 中的

一个重要的服务组件，不仅提供了 Web、FTP、SMTP 和 NNTP 等主要服务，还提供了可用于 Intranet、Internet 或 Extranet 的集成 Web 服务器能力，这种 Web 服务器具有可靠性、安全性及可管理性等特点。IIS 10.0 充分利用最新的 Web 标准（如 ASP.NET、XML 和 SOAP）来开发、实施和管理 Web 应用程序。本项目主要介绍在 IIS 10.0 上配置 Web 服务器和 FTP 服务器。

IIS 10.0 是 Windows Server 2016 中的 Web 服务器角色。Web 服务器在 IIS 10.0 中经过重新设计，能够通过添加或删除模块来自定义服务器，以满足特定需求。模块是服务器用于处理请求的功能单元。例如，IIS 10.0 使用身份验证模块对客户端凭据进行身份验证，并使用缓存模块来管理缓存活动。

Windows Server 2016 提供了在生产环境中支持 Web 内容承载所需的全部 IIS 功能。IIS 10.0 作为 Windows Server 2016 应用程序服务的重要组成部分，很多重要的 Windows 服务器都离不开它，如防火墙软件 ISA Server、邮件服务器 Exchange Server 和门户管理网站 SharePoint Portal Server 等都需要 IIS 10.0 的支持。因此，IIS 10.0 是一种非常重要的服务组件。

2. IIS 10.0 提供的服务

IIS 10.0 由多个组件组成，它们所提供的服务主要如下。

1）Web 发布服务

Web 服务器是 IIS 10.0 的一个重要组件，也是 Internet 和 Intranet 中最流行的技术。Web 的英文全称是 World Wide Web，简称为 WWW 或 Web。Web 服务器的实现采用客户机/服务器模型，作为服务器的计算机安装了 Web 服务器软件（如 IIS 10.0），并且保存了供用户访问的网页信息，随时等待用户访问。作为客户端的计算机安装了 Web 客户机程序，即 Web 浏览器（如 Netscape Navigate、Microsoft Internet Explorer、Opera 等），并通过 Web 浏览器将 HTTP 请求连接到 Web 服务器上，Web 服务器提供客户端计算机所需要的信息。

具体访问过程如下。

（1）Web 浏览器向特定的 Web 服务器发送 Web 页面请求。

（2）Web 服务器接收到该请求后，便查找所请求的 Web 页面，并将所请求的 Web 页面发送给 Web 浏览器。

（3）Web 浏览器接收到所请求的 Web 页面，并将 Web 页面在浏览器中显示出来。

2）文件传输协议服务

IIS 10.0 也可以作为 FTP 服务器，提供对文件传输服务的支持。该服务使用 TCP 协议确保文件传输的完成和数据传输的准确。该版本的 FTP 服务器支持在站点级别隔离用户，以帮助管理员保护其 Internet 站点的安全并使之商业化。

3）简单邮件传输协议服务

IIS 10.0 包含 SMTP（Simple Mail Translate Protocol，简单邮件传输协议）组件，能够使用 SMTP 组件发送和接收电子邮件。但是，IIS 10.0 不支持完整的电子邮件服务，只提供基本的功能。要使用完整的电子邮件服务，可以使用 Exchange Server 等专业的邮件系统。

4）网络新闻传输协议服务

可以利用 IIS 自带的 NNTP（Network News Transport Protocol，网络新闻传输协议）服务建立讨论组。用户可以使用任何新闻阅读客户端，如 Outlook Express，并加入新闻组进行讨论。

5）IIS 管理服务

IIS 管理服务管理 IIS 配置数据库，并为 WWW、FTP、SMTP 和 NNTP 等服务提供支持。配置数据库用于保存 IIS 配置数据。IIS 管理服务对其他应用程序公开配置数据库，这些应用程序包括 IIS 核心组件、在 IIS 上建立的应用程序，以及独立于 IIS 的第三方应用程序。IIS 不仅能通过自身组件提供的功能为用户提供服务，还能通过 Web 服务器扩展其他服务器的功能。

6）模块式体系结构

在 IIS 10.0 中，Web 服务器由多个模块组成，可以根据需要在服务器中添加或删除这些模块。

（1）通过仅添加需要使用的功能对服务器进行自定义，这样可以最大限度地减少 Web 服务器的安全问题和内存需求量。

（2）在一个位置配置以前在 IIS 和 ASP.NET 中重复出现的功能（如身份验证、授权和自定义错误）。

（3）将现有的 Forms 身份验证或 URL 授权等 ASP.NET 功能应用于所有请求类型。

7）安全性

Windows Server 2016 中的 IIS 10.0 在安全性方面有了很大的提升。IIS 10.0 采用的新设计能够选择将要安装到服务器上的功能，也称为模块，这些模块直接插入集成请求管道中。这种新的模块化设计具有许多优势，包括减少攻击面和 Web 服务器的占用量。

8.1.2　任务实施

1．Web 服务器角色（IIS）的安装

先在安装了 Windows Server 2016 的计算机上设置本机的 TCP/IP 属性，然后手动指定 IP 地址、子网掩码、默认网关（也可暂不指定）和 DNS 服务器的 IP 地址等。IIS 10.0 的安装步骤如下。

（1）以域管理员账户登录需要安装 Web 服务器角色 IIS 10.0 的计算机，在"服务器管理器"窗口中，选择"管理→添加角色和功能"命令，打开"添加角色和功能向导"对话框，按照项目 1 中的介绍，打开"选择服务器角色"界面。在该界面中勾选"Web 服务器（IIS）"复选框，这时会显示"添加 Web 服务器（IIS）所需的功能？"界面，如图 8.1 所示，单击"添加功能"按钮，返回"选择服务器角色"界面，勾选"Web 服务器（IIS）"复选框，如图 8.2 所示。

（2）单击"下一步"按钮，打开"选择功能"界面，勾选.NET Framework 3.5 功能、.NET Framework 4.6 功能中的所有组件。继续单击"下一步"按钮，打开"选择角色服务"界面，在该界面中选择除 FTP 发布服务外的所有角色服务，如图 8.3 所示。

图 8.1 添加必需的功能

图 8.2 勾选"Web 服务器（IIS）"复选框

图 8.3 "选择角色服务"界面

（3）单击"下一步"按钮，打开"确认安装选择"界面，可以看到 Web 服务器角色（IIS）的信息，单击"安装"按钮开始安装 Web 服务器角色（IIS），安装完毕后显示如图 8.4 所示的界面，单击"关闭"按钮，完成 Web 服务器角色（IIS）的安装。

图 8.4 "安装进度"界面

（4）在"命令行提示符"窗口中输入 net stop w3svc 和 net start w3svc，可以停止和启动 Web 服务，如图 8.5 所示。

图 8.5　停止和启动 Web 服务

2．使用默认 Web 站点发布网站

在安装了 IIS 10.0 之后，系统会自动创建一个默认的 Web 站点，该站点使用默认设置，但内容为空。选择"开始→管理工具→Internet 信息服务（IIS）管理器"命令，可以看到系统默认网站，如图 8.6 所示。

图 8.6　系统默认网站

只需要将相关网站复制到 C:\Inetpub\wwwroot 文件夹中（虽然这不是一种很好的方式），并将主页文档的文件名设置为 Index.htm、Default.htm 或 Default.asp，即可使用域名、IP 地址或计算机名访问该 Web 网站。

通常，创建网站后，还需要通过修改默认站点的属性对 Web 服务器进行必要的配置和管理。在 IIS 管理控制台中单击"默认网站"按钮，在"功能视图"标签页就可以设置各种运行参数。

（1）停止运行默认网站。右击网站 Default Web Site，在弹出的快捷菜单中选择"管理网站→停止"命令，即可停止正在运行的默认网站。

（2）在 C 盘目录下创建文件夹 C:\web 作为网站的主目录（见图 8.7），并在其文件夹中存放网页文件 index.html 作为测试页面。

图 8.7　创建网站首页

（3）在"Internet Information Services（IIS）管理器"窗口中，展开服务器，右击"网站"，在弹出的快捷菜单中选择"添加网站"命令，在打开的"添加网站"对话框中可以指定网站名称、应用程序池、端口、主机名。在此设置"网站名称"为 Web，"物理路径"为 C:\web，"类型"为 http，"IP 地址"为 192.168.137.129，"端口"默认为 80，如图 8.8 所示，单击"确定"按钮，完成网站的创建。

（4）以域管理员账户登录 Web 服务器/客户机，打开 IE 浏览器，在"地址"文本框中输入 Web 网站的 URL 路径，即 http://192.168.137.129/，这样就可以访问 Web 网站，如图 8.9 所示。

图 8.8　"添加网站"对话框

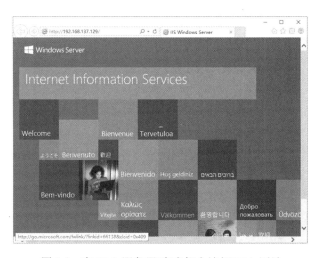

图 8.9　在 Web 服务器/客户机上访问 Web 网站

8.2　任务2　Web 服务器的配置

8.2.1　任务知识准备

在安装好 Web 服务器之后，需要将网站"挂接"到 Web 服务器上。如何"挂接"呢？在访问 Web 服务器时，一般利用形如 http://www.linite.com 这样的地址访问，这当中隐含了 Web 服务器的 IP 地址、端口号、网站所在服务器的目录及所访问的页面等信息。因此，在配置网站时也需要配置这些基本信息。

在实际使用中，网站的内容可能来自多个目录，而不仅仅是主目录中的内容。要让网站可以访问多个目录中的内容可以使用以下两种方法：一是将其他目录下的内容复制到主目录中；二是创建虚拟目录，将在不同目录下的物理目录映射到主目录中。虚拟目录可以与原有的文件不在同一个文件夹、同一块磁盘甚至不在同一台计算机上，但当用户访问时，就感觉在同一个文件夹中一样。采用这种方法，用户不会知道文件在服务器中的位置，也就无法修改文件，从而提高安全性。

另外，在一台宿主机上创建多个网站，即虚拟网站（服务器），可以理解为使用一台服务器充当若干台服务器来使用，并且每台虚拟服务器都可以拥有自己的域名、IP 地址或端口号。虚拟服务器在性能上与独立服务器一样，并且可以在同一台服务器上创建多个虚拟网站。所以，虚拟网站可以节约硬件资源、节省空间和降低能源成本，并且容易对站点进行管理和配置。

在创建虚拟网站之前，需要确定创建虚拟网站的类型。要确保用户的请求能到达正确的网站，必须为服务器上的每个站点配置唯一的标识。可以区分网站的标识有主机头名称、IP 地址和 TCP 端口号。

（1）使用多个 IP 地址创建多个站点。为每个虚拟网站都分配一个独立的 IP 地址，即每个虚拟网站都可以通过不同的 IP 地址访问，从而使 IP 地址成为网站的唯一标识。使用不同的 IP 地址标识时，所有的虚拟网站都可以采用默认的 80 端口，并且可以在 DNS 中对不同的网站分别解析域名，从而便于用户访问。当然，由于每个网站都需要一个 IP 地址，因此如果创建的虚拟网站很多，就会需要大量的 IP 地址。

（2）使用不同的端口号创建多个站点。同一台计算机、同一个 IP 地址，采用的端口号不同，也可以标识不同的虚拟网站。如果使用非标准的端口号来标识网站，用户就无法通过标准名或 URL 来访问站点。另外，用户必须知道指派给网站的非标准端口号，访问的格式为"http://服务器名:端口号"，使用时比较麻烦。

（3）使用主机头名称创建多个站点。当 IP 地址紧缺时，每个虚拟网站只能根据主机头名称进行区分。每个网站都有一个描述性名称，并且可以支持一个主机头名称。在一台服务器上创建多个网站时通常使用主机头，这是因为此方法能够不必使用每个站点的唯一 IP 地址来创建多个网站。

当客户端请求到达服务器时，IIS 使用在 HTTP 头中通过的主机名来确定客户端请求的站点。如果该站点用于专用网络，则主机头可以是 Intranet 站点名，如 PUMA。如果该站点用于 Internet，则主机名必须是公共的 FQDN DNS 主机名，如 www.linite.com，同时必须在一个已授权的 Internet 名称机构进行名称注册。

使用以上 3 种方法创建多个站点的比较如表 8.1 所示。

表 8.1　使用以上 3 种方法创建多个站点的比较

区分标识符	使用场景	优点和缺点	举例
非标准端口号	通常不推荐使用此方法，可用于内部网站、网站开发或测试	优点：可以在同一个 IP 地址上创建大量站点 缺点：必须输入端口号才能访问站点；不能使用主机头名称；防火墙必须打开相应的非标准端口号	http://192.168.0.1:8080 http://192.168.0.1:8081 http://192.168.0.1:8082
唯一 IP 地址	主要用于本地服务器上的 HTTPS 服务	优点：所有网站都可以使用默认的 80 端口 缺点：每个网站都需要单独的静态 IP 地址	http://192.168.0.1 http://192.168.0.2 http://192.168.0.3
主机头名称	在 Internet 上大多使用此方法	优点：可以在一个 IP 地址上配置多个网站，对用户透明 缺点：必须使用主机头才能访问，HTTPS 不支持主机头名称；需要与 DNS 配合	http://www.serverA.com http://www.serverB.com http://www.serverC.com

为了更有效、更安全地对 Web 服务器进行访问，需要对 Web 服务器上的特定网站、文件夹和文件授予相应的访问权限。这些权限除在 IIS 管理控制台中配置的 Web 权限外，还有 IP 地址访问权限、账户访问权限和 NTFS 访问权限等。所有这些权限均应得到满足，否则客户端无法访问 Web 服务器。访问控制的流程如下。

（1）用户向 Web 服务器提出访问请求。

（2）Web 服务器向客户机提出验证请求，并决定采用所设置的验证方式来验证客户机的访问权。例如，Windows 集成验证方式要求客户机输入用户名和密码。如果用户名和密码错误，则登录失败，否则验证其他条件是否满足。

（3）Web 服务器验证客户机是否在允许的 IP 地址范围内。如果该 IP 地址遭到拒绝，则请求失败，客户机会收到"408 禁止访问"的错误信息。

（4）Web 服务器检查客户机是否有请求资源的 Web 访问权限。如果无相应权限，则请求失败。

（5）如果网站文件在 NTFS 分区中，则 Web 服务器还会检查是否有访问该资源的 NTFS 权限。如果用户没有访问该资源的 NTFS 权限，则请求失败。

（6）只有以上（2）～（5）均满足，才允许客户机访问网站。

通过设置 IIS 来验证或识别客户机用户的身份，以决定是否允许该用户和 Web 服务器建立网络连接。

8.2.2　任务实施

1．使用 IIS 管理器创建虚拟目录

（1）打开"Internet Information Services（IIS）管理器"窗口，右击想要创建虚拟目录的网站，在弹出的快捷菜单中选择"添加虚拟目录"命令，如图 8.10 所示。

（2）打开"添加虚拟目录"对话框，在"别名"文本框中输入虚拟目录的名称，如 store。此别名是客户机浏览虚拟目录时所使用的名称，因此设置成有一定意义并且便于记忆的英文名称。客户机浏览时一般使用类似于"http://地址/虚拟目录名"的方式，如使用 http://192.168.

137.129/store 浏览本虚拟目录。

图 8.10　选择"添加虚拟目录"命令

（3）在"物理路径"文本框中输入该虚拟目录欲引用的文件夹，如 C:\store（见图 8.11）。也可以单击 ⋯ 按钮查找。

（4）在传递身份验证部分，可以单击查看设置，这里暂不做改动。

（5）单击"确定"按钮，完成虚拟目录的创建。返回"Internet Information Services（IIS）管理器"窗口，双击中间窗格"store 主页"功能列表中的"目录浏览"，打开"目录浏览"功能设置界面，在"操作"面板中单击"启用"链接，随即转化为"禁用"链接，如图 8.12 所示，这时创建的虚拟目录就可以在浏览器中浏览。使用这种方法可以创建多个虚拟目录。

图 8.11　指定虚拟目录

图 8.12　启动目录浏览权限

（6）在客户机上访问虚拟目录。以域管理员账户登录 Web 客户端计算机，在 IE 浏览器的"地址"文本框中输入虚拟目录的路径，即 http://192.168.137.129/store/，可以访问 Web 网站的虚拟目录，如图 8.13 所示。

图 8.13　在客户机上访问虚拟目录

2. 创建多个网站

使用多个 IP 地址创建多个站点和使用不同端口创建多个站点的操作步骤比较简单，只要右击"Internet Information Services（IIS）管理器"窗口的左窗格中的"网站"，在弹出的快捷菜单中选择"添加网站"命令，按照向导一步步完成即可，这里不再赘述。下面介绍使用主机头名称创建多个网站的步骤。

（1）规划好需要创建的网站名称，如要在主机 PUMA（IP 地址为 192.168.137.129）上创建 3 个网站，分别为 www.serverA.com、www.serverB.com、www.serverC.com。

（2）在 DNS 服务器上分别创建 3 个区域，分别为 serverA.com、serverB.com 和 serverC.com，并在每个区域上创建名称为 www 的主机记录，区域和记录的创建方法请参考项目 6。

（3）右击"Internet Information Services（IIS）管理器"窗口的左窗格中的"网站"，在弹出的快捷菜单中选择"添加网站"命令，单击"下一步"按钮，输入网站的描述信息，如使用的主机头名称 a1，输入网站主目录所在的物理路径为 C:\a1，在"IP 地址"文本框和"端口"文本框中分别输入网站的 IP 地址和端口号，在"主机名"文本框中输入 www.serverA.com，如图 8.14 所示，单击"确定"按钮。

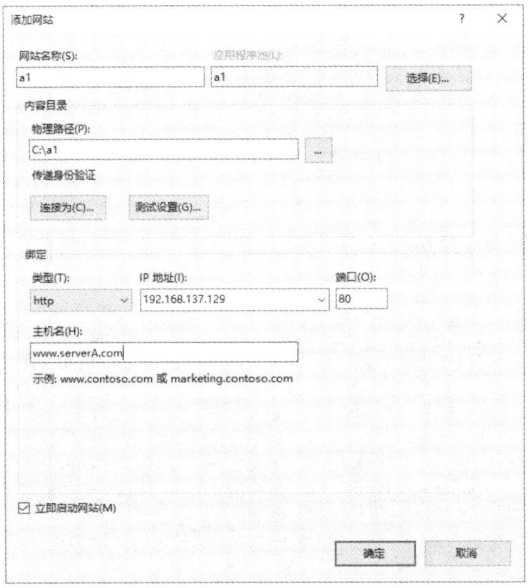

图 8.14　设置主机名

（4）启动"目录浏览"权限，添加"默认文档"主页，完成 www.serverA.com 网站的创建。

（5）重复上述步骤（3）～（4），创建 www.serverB.com 网站和 www.serverC.com 网站。

虚拟网站创建完成后，即可用 www.serverA.com、www.serverB.com 和 www.serverC.com 进行访问。

3．设置 Web 站点的权限

1）匿名身份验证

匿名身份验证可以让用户随意访问 Web 服务器，而不需要提示用户输入用户名和密码。当用户试图连接 Web 服务器时，Web 服务器会指定一个匿名账户 IUSR_computername（如 IUSR_PUMA）与客户端建立 HTTP 连接。IUSR_computername 账户会加入计算机上的 Guests 组中。一般来说，当用户访问 Internet 上的 Web 服务器时，一般都使用 IUSR_computername 账户进行连接。

IIS 默认启动了匿名账户，在使用其他验证方法之前，会先尝试使用匿名账户访问 Web 服务器。匿名账户的禁用和启用步骤如下。

（1）在"Internet Information Services（IIS）管理器"窗口中，以 Web 网站为例，单击 web，在"功能视图"标签页中双击"身份验证"，打开"身份验证"界面，先选中"匿名身份验证"，然后单击"操作"面板中的"禁用"链接就可以禁用 Web 网站的匿名访问，如图 8.15 所示。

（2）同步骤（1），先在打开的"身份验证"界面中选中"匿名身份验证"，然后单击"操作"面板中的"启用"链接即可启用该身份验证，如图 8.16 所示。

图 8.15　禁用匿名身份验证　　　　　　　图 8.16　启用匿名身份验证

2）基本身份验证

基本身份验证是绝大多数 WWW 浏览器都支持的标准 HTTP 方法，用户可以在其中输入被指定的 Windows Server 2016 账户的用户名和密码。基本身份验证可以跨防火墙和代理服务器工作。基本身份验证的缺点是使用弱加密方式在网络中传输密码。只有在用户知道客户端与服务器之间是安全连接时，才能使用基本身份验证。如果使用基本身份验证，则先禁用匿名身份验证，因为所有浏览器向服务器发送的第一请求都是匿名访问服务器上的内容。如果不禁用匿名身份验证，则用户可以采用匿名方式访问服务器上的所有内容，包括受限制的内容，启用基本身份验证，如图 8.17 所示。

图 8.17 启用基本身份验证

3）摘要式身份验证

摘要式身份验证使用 Windows 域控制器对请求访问服务器上的用户进行身份验证。当需要比基本身份验证更高的安全性时，应考虑使用摘要式身份验证。

要成功使用摘要式身份验证，必须先禁用匿名身份验证，因为所有浏览器向服务器发送的第一请求都要求匿名访问服务器上的内容。如果不禁用匿名身份验证，则用户可以采用匿名方式访问服务器上的所有内容，包括受限制的内容。

4）Forms 身份验证

Forms 身份验证使用客户端重定向将未经过身份验证的用户重定向至一个 HTML 表单，用户可以在该表单中输入凭据，通常是用户名和密码。确认凭据有效后，系统会将用户重定向至它们最初请求的页面。

5）Windows 身份验证

Windows 身份验证使用 NTLM 或 Kerberos 协议对客户端进行身份验证。Windows 身份验证最适合用于局域网环境。Windows 身份验证不适合在 Internet 上使用，因为该环境不需要用户凭据，也不对用户凭据进行加密。

6）ASP.NET 模拟身份验证

在非默认安全上下文中运行 ASP.NET 应用程序，需要用 ASP.NET 模拟身份验证。在对某个 ASP.NET 应用程序启用了模拟时，该应用程序就可以在以下两种不同的上下文中运行，即作为通过 IIS 身份验证的账户或作为将要设置的任意账户。例如，如果要使用匿名身份验证，并选择作为已通过身份验证的账户运行 ASP.NET 应用程序，那么该应用程序将在为匿名用户设置的账户下运行。同样，如果选择在任意账户下运行应用程序，那么它将在为该账户设置的任意安全上下文中运行。

要启用不同的验证方法，请选择如图 8.17 所示的相关验证方法。

8.3 任务3 FTP服务器的配置

8.3.1 任务知识准备

FTP是File Transfer Protocol（文件传输协议）的缩写，专门用于文件传输服务。利用FTP可以传输文本文件和二进制文件。FTP是Internet上出现最早、使用最广泛的一种服务，是基于客户机/服务器模式的服务。通过该服务可以在FTP服务器和FTP客户端之间建立连接，实现FTP服务器和FTP客户端之间的文件传输。文件传输包括从FTP服务器下载文件和向FTP服务器上传文件。

FTP服务分为服务器端和客户端，常见的构建FTP服务器的软件有IIS自带的FTP服务组件、Serv-U，以及Linux下的vsFTP、wu-FTP等。

Windows Server 2016内置的FTP服务模块是IIS的重要组成部分。虽然IIS中的FTP服务的安装和配置比较简单，但对用户权限和使用磁盘容量的限制，需要借助NTFS文件夹权限和磁盘配额才能实现。因此，Windows Server 2016内置的FTP服务模块不太适合复杂的网络应用。

8.3.2 任务实施

1. 添加FTP角色服务

（1）在安装了Windows Server 2016的计算机上设置本机的TCP/IP属性，手动指定IP地址、子网掩码、默认网关（也可暂不指定）和DNS服务器的IP地址等。

（2）以域管理员账户登录需要安装Web服务器IIS 6.0的计算机，在"服务器管理器"窗口中，选择"管理→添加角色和功能"命令，打开"添加角色和功能向导"对话框，参考之前的操作，依次单击"下一步"按钮，打开"选择服务器角色"界面，展开"Web服务器（IIS）"复选框，并勾选"FTP服务器"复选框，如图8.18所示。

图8.18　勾选"FTP服务器"复选框

（3）先单击"下一步"按钮，再单击"安装"按钮，完成 FTP 相关组件的安装，如图 8.19 所示。

图 8.19　FTP 相关组件安装成功

2．FTP 服务的启动与停止

要启动或停止 FTP 服务，可以使用 net 命令、"服务"窗口实现。

1）使用 net 命令

以域管理员账户登录 FTP 服务器，在"管理员：命令提示符"窗口中输入 net start ftpsvc 可以启动 FTP 服务，输入 net stop ftpsvc 命令可以停止 FTP 服务，如图 8.20 所示。

2）使用"服务"窗口

选择"开始→Windows 管理工具→服务"命令，打开"服务"窗口，找到 Microsoft FTP Service 并双击，打开"Microsoft FTP Service 的属性（本地计算机）"对话框，单击"启动"按钮或"停止"按钮即可启动或停止 FTP 服务，如图 8.21 所示。

图 8.20　使用 net 命令启动和停止 FTP 服务

图 8.21　启动或停止 FTP 服务

3．创建 FTP 站点

FTP 服务器的配置比较简单，需要设置的主要是站点的 IP 地址、端口、主目录、访问权限等。"默认 FTP 站点"的主目录所在的默认文件夹为%Systemdriver%\inetpub\ftproot，用户不需要对 FTP 服务器做任何修改，只要将想实现共享的文件复制到上述文件夹中即可。这时，允许来自任何 IP 地址的用户以匿名方式访问该 FTP 站点。因为在默认状态下对主目录的访问为只读方式，所以用户只能下载而无法上传文件。

使用"Internet Information Services（IIS）10.0 管理器"窗口允许在单台 FTP 服务器上创建多个 FTP 站点。要将站点添加到 FTP 服务器上，必须准备该服务器及其关联的网络服务，并为该站点创建唯一的标识。

1）准备 FTP 主目录

以域管理员账户登录 FTP 服务器，在创建 FTP 站点之前，需要准备 FTP 站点的主目录，以便用户在上传/下载文件时使用。这里以文件夹 C:\ftp 作为 FTP 站点的主目录，并在该文件夹中存入一个程序供用户在客户端计算机上下载和上传测试，如图 8.22 所示。

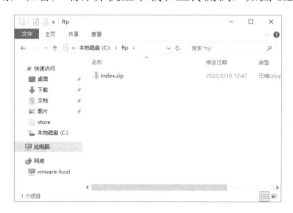

图 8.22　准备 FTP 主目录

2）创建 FTP 站点

打开"Internet Information Services（IIS）管理器"窗口，在服务器名称上右击，在弹出的快捷菜单中选择"添加 FTP 站点"命令，如图 8.23 所示。

图 8.23　选择"添加 FTP 站点"命令

打开"添加 FTP 站点"对话框，在"FTP 站点名称"文本框中输入"我的 FTP"，将"物理路径"设置为 C:\ftp，并作为 FTP 站点的主目录，如图 8.24 所示。

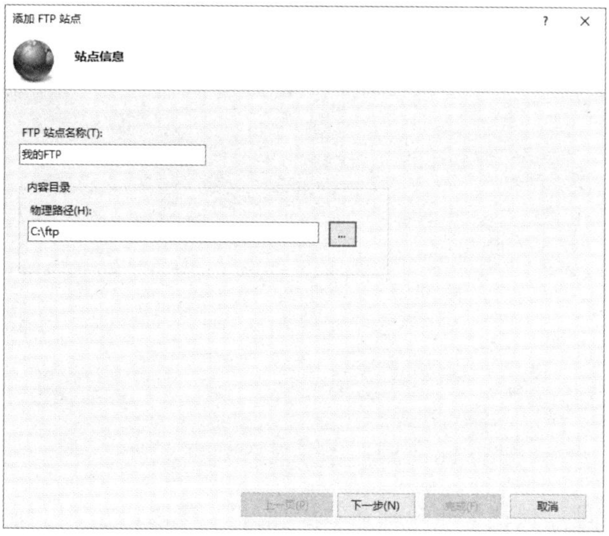

图 8.24　站点信息

单击"下一步"按钮，显示"绑定和 SSL 设置"界面，在该界面中输入访问 FTP 站点所使用的 IP 地址和端口，该 FTP 站点所使用的 IP 地址为 192.168.137.129，端口为 21（默认），这里选中"无 SSL"单选按钮，如图 8.25 所示。

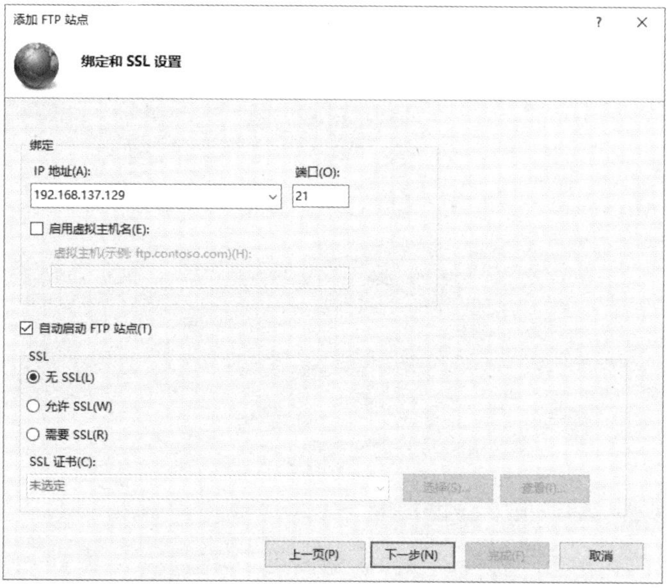

图 8.25　"绑定和 SSL 设置"界面

单击"下一步"按钮，显示"身份验证和授权信息"界面，在该界面中可以设置 FTP 站点的访问权限，勾选"身份验证"选项组中的"匿名"复选框，授权匿名用户的权限为读取，单击"完成"按钮创建 FTP 站点，如图 8.26 所示。

图 8.26 "身份验证和授权信息"界面

刚刚创建的 FTP 站点默认为启动状态，如图 8.27 所示。此时，用户就可以在 FTP 客户端计算机上通过 IP 地址访问该站点。

图 8.27 创建完成的 FTP 站点

4. 在"功能视图"标签页中设置 FTP 站点

选择创建好的 FTP 站点，就可以在"功能视图"标签页中对 FTP 站点进行功能设置，包括 FTP IP 地址和域限制、FTP 当前会话、FTP 身份验证、FTP 授权规则等，如图 8.28 所示，可以进行以下设置。

1）FTP 消息

在"FTP 消息"界面中，可以对该 FTP 站点的"欢迎使用"等消息进行编辑和修改，如图 8.29 所示。当用户访问该 FTP 站点时会把这些相关消息显示给客户端。

图 8.28　"功能视图"标签页

图 8.29　"FTP 消息"界面

2）FTP 授权规则

此功能可以设置用户访问 FTP 站点主目录的权限，创建完站点后，FTP 站点的主目录也可以使用"操作→基本设置"命令进行修改。所谓主目录是指映射到 FTP 服务器根目录的文件夹，FTP 站点中的所有文件全部保存在该文件夹中，当用户访问 FTP 站点时，也只有该目录中的内容可见，并且作为该 FTP 站点的根目录。如图 8.30 所示，这里添加允许授权规则为，指定用户 user1 具有写入权限。

读取：读取权限允许用户查看或下载存储在主目录或虚拟目录中的文件。如果只允许用户下载文件，则勾选"读取"复选框。

写入：写入权限允许用户向 FTP 服务器上传文件。如果该站点允许所有登录用户上传文件，则勾选"写入"复选框；否则，应当取消勾选"写入"复选框，而只启用读取权限。

需要注意的是，当赋予用户写入权限时，许多用户可能会向 FTP 服务器上传大量的文件，导致磁盘空间迅速被占用。因此，限制每个用户写入的数据量非常必要。如果 FTP 站点的主目录处于 NTFS 分区，那么使用 NTFS 的磁盘限额功能可以解决此问题。同时，最好还要设置 FTP 根目录的 NTFS 文件夹权限，并且 NTFS 文件夹权限要优先于 FTP 站点权限。将多种权限设置组合在一起可以保证 FTP 服务器的安全。

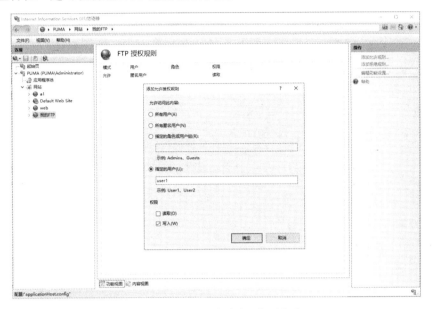

图 8.30　"FTP 授权规则"界面

3）FTP 用户隔离

FTP 用户隔离为用户提供上传文件的个人 FTP 目录，从而防止用户查看或覆盖其他用户的内容。FTP 用户支持两种隔离模式，分别为隔离用户模式和不隔离用户模式。每种模式都会启动不同的隔离和身份验证等级。这里使用不隔离用户模式，选中"FTP 根目录"单选按钮，用户就可以访问其他用户的 FTP 主目录，如图 8.31 所示。

图 8.31　"FTP 用户隔离"界面

4）FTP IP 地址和域限制

如图 8.32 所示，可以设置特定 IP 地址的访问权限，从而阻止某些个人或群组访问服务器。对于非常敏感的数据，或者想通过 FTP 传输实现对 Web 站点的更新，仅有用户名和密码的身份验证是不够的，利用 IP 地址进行访问限制也是一种非常重要的手段，这不仅有助于在局域网内部实现对 FTP 站点的访问控制，还有利于阻止来自 Internet 的恶意攻击。

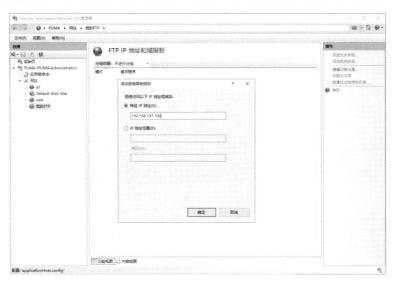

图 8.32　"FTP IP 地址和域限制"界面

如果指定允许或禁止访问的 IP 地址、子网掩码、一台或多台计算机的域名，就可以控制对 FTP 资源（如站点、虚拟目录或文件）的访问。

5．FTP 客户端的使用

在建立 FTP 站点并提供 FTP 服务后，就可以为用户提供下载或上传服务。可以用 3 种方式来访问 FTP 站点，分别是命令行状态的 FTP 命令、使用 Web 浏览器和 FTP 客户端软件。

用户在客户端计算机上可以使用 FTP 命令或在浏览器中输入 IP 地址连接到 FTP 站点进行访问，如图 8.33 和图 8.34 所示。

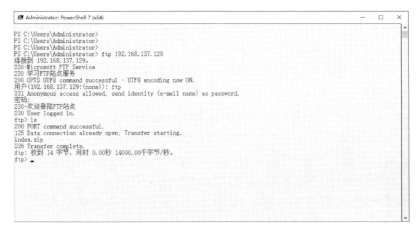

图 8.33　使用 FTP 命令访问 FTP 站点

图 8.34　输入 IP 地址访问 FTP 站点

1）FTP 命令

可以在客户端的命令提示符下，使用 Windows 自带的 FTP 命令连接 FTP 服务器。连接方法如下：执行"开始→运行"命令，在打开的"运行"对话框的"打开"文本框中输入 cmd，进入命令提示符状态，输入"FTP 服务器的 IP 地址或域名"命令，按提示输入用户名和密码就可以进入 FTP 服务器的主目录。若是匿名用户，则"用户名"设置为 ftp，密码为空。要上传文件使用 PUT"文件名"命令，要下载文件使用 GET"文件名"命令。FTP 程序的具体使用方法请查看 Windows 相关帮助信息。

2）使用 Web 浏览器

当使用 Web 浏览器访问 FTP 站点时，在 Web 浏览器的"地址栏"中输入欲连接的 FTP 站点的 IP 地址或域名，格式为"FTP://IP 地址/主机名"，如 ftp://192.168.137.129，如图 8.34 所示。

如果 FTP 站点采用 Windows 身份验证方式，则要求用户在登录 FTP 服务器时输入用户名和密码，这时需要在地址栏中包含这些信息，格式为"FTP://用户名:密码@IP 地址或主机名"。

当该 FTP 站点被授予读取权限时，只能浏览和下载该站点中的文件夹与文件。浏览方式非常简单，只需要双击即可打开相应的文件夹和文件。如果想下载文件，只要右击想下载的文件，在弹出的快捷菜单中选择"复制"命令即可。

对于重命名、删除、新建文件夹和上传文件等操作，只能在 FTP 站点被授予读取权限和写入权限时进行。这时，不但能够浏览和下载该站点中的文件夹和文件，而且可以直接在 Web 浏览器中实现新文件夹的建立，以及对该文件夹和文件的重命名、删除与文件的上传。

3）FTP 客户端软件

如同访问 Web 服务器需要借助 IE 浏览器、Netscape Nevigate 和 Opera 等 Web 客户端一样，访问 FTP 服务器也有专门的图形界面的 FTP 客户端软件。FileZilla 是使用较多且免费的 FTP 客户端软件，包括服务器端和客户端，可到 FileZilla 官网下载。下面以 FileZilla Client 3.52 中文版为例，简单介绍如何使用 FileZilla 实现对 FTP 站点的访问。

（1）运行 FTP 客户端软件 FileZilla Client，可以在快速连接栏中输入服务器主机地址，即 192.168.137.129，用户名为 ftp，密码为空，端口为 21，单击"快速连接"按钮，连接 FTP 服务器，如图 8.35 所示。

图 8.35　快速连接 FTP 服务器

（2）也可以使用"文件→站点管理器"命令，新建一个 FTP 站点连接，根据提示设置主机、端口、用户名、密码，单击"连接"按钮，如图 8.36 所示。

图 8.36　新建 FTP 站点连接

8.4　任务 4　IIS 常见故障的排除

8.4.1　任务知识准备

IIS 上的 Web 服务器和 FTP 服务器架设好之后就可以正常使用，但很多人在用 IIS 架设网站的过程中或多或少都会遇到问题。

IIS 主要有如下几个方面的问题。

（1）IIS 服务、站点工作不正常。

（2）IIS 服务管理器无法打开。

（3）静态页面无法访问。

（4）动态页面无法访问。

（5）HTTP 出错信息，如 HTTP 500 错误。

（6）验证问题和权限问题。

（7）FTP 出错。

（8）其他错误。

8.4.2　任务实施

1．IIS 排错步骤

对于 8.4.1 节列举的问题，应该遵循怎样的排错原则呢？IIS 排错步骤如下。

（1）检查 IIS 服务、站点是否已经启动。

在管理工具的服务程序组中查看 IIS 的主要服务是否已正常启动，如 World Wide Web Publishing Service、Microsoft FTP Service 和 IIS Admin Service 等；在 IIS 管理控制平台中确认相应站点是否已正常启动，这是站点正常工作的基本要求。如果服务被禁用、站点存在端口冲突都将无法正常启动 Web 网站或 FTP 网站。有时，如果在 IIS 服务器上安装了其他服务器软件（如 ISA Server）也会导致无法正常启动网站。

如果 Internet 信息服务（IIS）管理器无法正常工作，那么需要检查登录用户是否有相应权限，或者考虑使用 MMC 打开，检查系统日志，查看故障所在。

（2）尽量获取详细的 HTTP 出错信息。

可以获取排错信息的地方有系统和应用程序日志、存放在%Systemroot%\system82\LogFiles\HTTPERR 中的 HTTP 错误日志、IIS 日志。排错时应去除友好的 HTTP 出错信息和服务器端的友好出错信息。

（3）使用简单的静态页面文件（如 HTML 文件或 TXT 文件）测试。

如果设置的网站无法访问，那么可以考虑将简单的静态页面文件设置为网站进行测试。当静态文件不能访问时，应先考虑 IIS 系统或网络本身的问题。

（4）使用简单的动态页面文件（如 ASP）测试。

如果比较复杂的动态页面网站无法访问，那么可以考虑将简单的动态页面文件设置为网站进行测试。引起动态页面文件不能访问的主要原因有是否启用了相应的 Web 服务扩展、是否禁用了会话和父路径、ASP.NET 是否已经注册。

（5）在 IIS 本机启用 IE 浏览器访问。

如果从其他计算机上无法访问 Web 服务器，那么可以考虑直接在 IIS 本机上启用 IIS 来访问 Web 服务器。如果本机访问正常而其他计算机不能访问，则说明网络存在问题。

（6）启用不同的名称访问，如 IP 地址、NetBIOS 计算机名、FQDN 主机名、主机头。

可以尝试使用多种名称访问 Web 服务器，如 IP 地址、NetBIOS 计算机名、DNS 主机名和主机头等。如果使用 IP 地址能正常访问而使用主机名无法访问，那么问题一般出现在 DNS 主机名的解析方面；如果使用 IP 地址无法访问，那么还需要考虑是否配置了主机头，配置了主机头的站点只能使用主机头进行访问。

（7）检查 NTFS 权限。如果 Web 站点或 FTP 站点的文件位于 NTFS 分区，那么应考虑相应账户是否有读、写相应文件夹的 NTFS 权限。

（8）HTTP 500 错误。HTTP 500 错误是比较麻烦的一种 Web 服务器错误类型，排错时可按如下步骤进行。

① 测试静态页面。

② 测试简单的 ASP 页面。

③ 检查 HTTP 500.100 错误处理程序。

④ 创建一个新的网站进行测试。

⑤ 重建应用程序或应用程序池。

⑥ 检查 IWAM_computer 账户是否被禁用或删除、是否修改了密码、是否修改了默认权限等。

（9）其他方法。经常容易忽略的是浏览器上的代理服务器的设置是否正确。有些错误通过重新启动站点、IIS 服务或计算机即可解决，最后可以考虑重新安装 IIS 组件。

2．排错举例

1）身份认证配置不当

症状：HTTP 错误 401.2（未经授权：访问由于服务器配置被拒绝）。

原因分析：IIS 支持多种 Web 身份验证方法，如匿名身份验证、基本身份验证、Windows 集成身份验证、摘要身份验证和.NET Passport 身份验证。

解决方法：根据需要配置不同的身份认证（一般采用匿名身份认证，这是大多数站点使用的认证方法）。认证选项通过 IIS 的"功能视图→身份验证"命令进行配置。

2）IP 地址限制配置不当

症状：HTTP 错误 408.7（禁止访问：客户端的 IP 地址被拒绝）。

原因分析：IIS 提供了 IP 地址限制的机制，可以通过配置来限制某些 IP 地址不能访问站点，或者限制只有某些 IP 地址可以访问站点，如果客户端在被阻止的 IP 地址范围内，或者不在允许的范围内，则会出现错误提示。

解决方法：选择 IIS 的"功能视图→IP 地址和域限制"命令。如果要限制某些 IP 地址的访问，就需要选择授权访问，单击"添加拒绝条目"按钮。反之，则可以只允许某些 IP 地址访问。

3）NTFS 权限设置不当

症状：HTTP 错误 401.8（未经授权：访问由于访问控制列表对所请求资源的设置被拒绝）。

原因分析：Web 客户端的用户隶属于 User 组。如果该文件的 NTFS 权限不足（如没有读权限），则会导致页面无法访问。

解决方法：切换至该文件夹的"安全"选项卡，配置 User 组的相应权限（至少要有读取权限）。

4）MIME 类型设置问题导致无法下载某些类型的文件（以 ISO 为例）

症状：HTTP 错误 404（文件或目录未找到）。

原因分析：IIS 10.0 取消了对某些 MIME 类型的支持，致使客户端下载出错。

解决方法：在 IIS 中选择"属性→HTTP 头→MIME 类型→新建"命令，在弹出的对话框中输入.ISO 的扩展名，MIME 的类型是 application。另外，防火墙阻止、ODBC 配置错误，以及 Web 服务器性能限制、线程限制等因素也是造成 IIS 服务器无法访问的原因。

实训 8　Windows Server 2016 中 IIS 10.0 的配置与管理

一、实训目标

（1）掌握利用 Windows Server 2016 中 IIS 10.0 提供的 Web 服务配置 Web 服务器的方法。

（2）掌握利用 Windows Server 2016 中 IIS 10.0 提供的 FTP 服务配置 FTP 服务器的方法。

二、实训准备

（1）网络环境：已搭建好的 100Mbit/s 的以太网，包含交换机、超五类（或五类）UTP 直通线若干、两台或两台以上的计算机（具体数量可以根据学生人数安排）。

（2）服务器端计算机配置：CPU 为 Intel Pentium 4 以上版本，内存不小于 1GB，硬盘剩余空间不小于 20GB，并且已安装 Windows Server 2016，或者已安装 VMware Workstation 13 以上版本，同时其中有 Windows Server 2016 的安装程序。

（3）客户端计算机配置：CPU 为 Intel Pentium 4 以上版本，内存不小于 1GB，硬盘剩余空间不小于 20GB，并且已安装 Windows 7 或 Windows 10。

三、实训步骤

采用两台计算机，其中一台配置 Web 服务和 FTP 服务，另一台作为客户端访问 Web 服务器和 FTP 服务器。为服务器配置的静态 IP 地址为 200.100.100.1，客户端 IP 地址为 200.100.100.6。

（1）在作为服务器的计算机上配置 DNS 服务，IP 地址为 200.100.100.1，子网掩码自动生成 255.255.255.0，首选域 IP 地址为 200.100.100.1，域名称为 www.linite.com。

（2）打开"Internet Information Services（IIS）管理器"窗口，添加网站，输入网页存放地址路径，选择网站 IP 地址，设置端口号，默认端口号为 80，在"默认文档"选项卡中添加将要显示的网页文件的全名，上移到排序为第一，网站配置完毕。

（3）在服务器或客户机上打开浏览器，并在"地址"文本框中输入 http:// 200.100.100.1 或 www.linite.com，测试是否能成功登录路径所指的网页，如果可以登录，则 Web 服务器配置成功。

（4）在配置成功的 Web 网站上添加虚拟目录。打开"Internet Information Services（IIS）管理器"窗口，先右击刚创建成功的 Web 网站，在弹出的快捷菜单中选择"添加虚拟目录"命令，然后在打开的对话框的"别名"文本框中输入虚拟目录的名称，如 happy。

（5）在客户端 IE 浏览器的"地址"文本框中输入虚拟目录的路径，即 http:// 200.100.100.1/

happy，访问 Web 网站的虚拟目录。可以根据需要添加多个虚拟目录。

（6）参考 8.2.1 节"任务知识准备"中介绍的在一台宿主机上创建多个网站，在服务器上创建多个网站。

（7）在服务器上配置 FTP 服务器。打开"Internet Information Services（IIS）管理器"窗口，显示"FTP 站点创建向导"界面，创建一个新的 FTP 站点，IP 地址为 200.100.100.1，端口为 21。

（8）设置 FTP 站点的主目录和目录访问安全权限，完成 FTP 站点的创建。

（9）在服务器或客户端访问 ftp:// 200.100.100.1，测试 FTP 站点是否能正常登录。

习　题　8

一、填空题

1．在"命令行提示符"窗口中输入＿＿＿＿和＿＿＿＿可以停止和启动 Web 服务。

2．在"命令行提示符"窗口中输入＿＿＿＿和＿＿＿＿可以停止和启动 FTP 服务。

3．IIS 10.0 主要具有 ＿＿＿、＿＿＿、＿＿＿等新特性。

二、选择题

1．当通过 IIS 来验证或识别客户端用户的身份时，（　　）可以让用户随意访问 Web 服务器，而不需要提示输入用户名和密码。

    A．基本身份验证   B．匿名身份验证

    C．Form 身份验证   D．Windows 身份验证

2．FTP 服务器的默认端口是（　　）。

    A．80   B．12   C．21   D．81

3．关于搭建 Web 站点，下列描述错误的是（　　）。

    A．可以在单网卡中利用多个不同的 IP 地址搭建 Web 站点

    B．可以在 Windows Server 2016 中搭建 Web 站点

    C．大多数 Internet 上的站点访问采用的是匿名方式

    D．Web 服务器的默认端口是 21

三、简答题

1．IIS 10.0 提供的服务有哪些？

2．与 IIS 8.5 相比，IIS 10.0 有哪些改进？

3．简述 Web 服务的实现过程。

4．IIS 的 HTTP 500 错误一般应如何排除？

项目 9　架设 VPN 服务器

【项目情景】

岭南信息技术有限公司最近在长沙成立了一家分公司，分公司和总公司之间经常有业务往来，每天都需要相互传送大量数据，为了方便对分公司的管理，提高工作效率，管理层希望分公司的局域网和总公司的局域网能连接起来，就好像总公司和分公司在同一个局域网中。能否满足管理层的这种需求呢？公司的员工经常需要出差，由于工作需求，他们经常需要获得公司的一些资料，是否有一种方式使他们能随时随地地访问公司的局域网获取所需的资料呢？为了满足管理层和出差的员工的需求，必须建立远程访问服务器。那么，应该使用什么技术搭建远程访问服务器呢？

【项目分析】

（1）在总公司建立 VPN 服务器，利用隧道技术可以使外网用户安全地访问内网资源，满足管理层和出差的员工的需求。

（2）为了保证 VPN 服务器的安全，可以采用设置远程访问策略的方式加强对 VPN 服务器的管理，从而使 VPN 服务器只为特定的用户在特定的时间开放连接。

【项目目标】

（1）理解远程访问连接的含义。

（2）学会对 VPN 服务器和 VPN 客户端进行配置。

（3）学会根据应用需求配置远程访问策略。

【项目任务】

任务 1　VPN 服务器的配置

任务 2　VPN 客户端的配置

9.1　任务 1　VPN 服务器的配置

9.1.1　任务知识准备

1. 远程访问连接简介

远程访问是指使用拨号或 VPN 技术，将远程用户的计算机连接到公司的局域网中，使远程用户的计算机能访问局域网中的共享资源。这些资源包括局域网中提供给用户的所有服务，如文件和打印共享等。利用这种远程访问连接的方式，出差的员工可以便捷地获取公司内部的资源。

利用 Windows Server 2016 的"路由和远程访问"服务可以为用户提供拨号和 VPN 两种不同类型的远程访问连接。

1）拨号

通过 ISP（如 PSTN 或 ISDN）提供的接入服务，远程客户端使用非永久的拨号连接到远程访问服务器的物理端口上，这时使用的就是拨号网络。例如，远程客户端使用公用电话网拨打远程访问服务器某个端口对应的电话号码以建立连接，如图 9.1 所示。

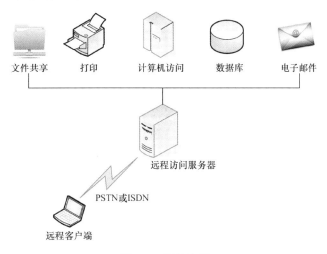

图 9.1　拨号访问

2）VPN

VPN 通过专用网络或公用网络（如 Internet）建立安全、点对点的连接。VPN 客户端使用隧道协议，对 VPN 服务器的虚拟端口进行虚拟呼叫，以建立专用连接。远程的 VPN 服务器接收虚拟呼叫，验证呼叫方身份，并在 VPN 客户端和企业网络之间安全地传送数据，如图 9.2 所示。

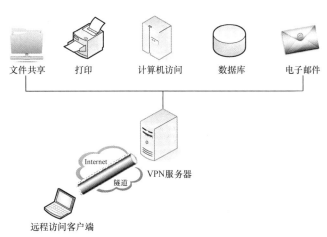

图 9.2　VPN 访问

与拨号网络不同的是，VPN 始终在公用网络（如 Internet）中，并且 VPN 客户端和 VPN

服务器之间是一种逻辑的、非直接的连接。要保证数据安全，必须对通过连接传送的数据进行加密。

根据 VPN 客户端类型的不同，VPN 有两种典型的应用，分别是远程访问 VPN 和站点到站点 VPN。

（1）远程访问 VPN：是指公司已经连接到 Internet，移动用户通过客户端的远程拨号连接到 ISP 并进入 Internet 后，通过隧道技术与公司的 VPN 服务器建立连接，并利用隧道技术的加密、验证等手段实现数据的安全传输。

（2）站点到站点 VPN：是指在两个局域网的 VPN 服务器之间利用隧道技术建立连接，并且利用隧道技术的加密、验证等手段实现数据的安全传输。

2．VPN 技术的特点

VPN 技术之所以成功、高效，主要是因为 VPN 可以使用隧道、身份验证和加密等技术来建立安全的网络连接。VPN 技术最突出的特点如下。

（1）低成本运行。使用 Internet 作为连接方法不但可以节省长途电话费用，而且需要的硬件也很简单，不需要特殊的设备支持。

（2）高安全性。进行身份验证可以防止未经授权的用户接入公司内部网络。如果使用各种加密方法，黑客就难以破解通过 VPN 连接传送的数据，从而实现在公共网络上数据的安全传输。

（3）服务质量保证（QoS）。VPN 网络可以为数据提供不同等级的服务质量保证。不同的用户和业务对服务质量保证的要求差别较大。对于拥有众多分支机构的 VPN 网络，交互式的内部企业网要求网络能提供良好的稳定性；其他应用（如视频会议）对网络的实时性提出了更高的要求。所有不同的应用要求网络能根据需要提供不同等级的服务质量。

（4）可扩充性和灵活性。VPN 必须能够支持通过局域网络和公用网络的任何类型的数据流，方便增加新的节点，支持多种类型的传输媒介，可以满足同时传输语音、视频和数据等的需求。

（5）可管理性。在 VPN 网络中，用户和设备的数量多、种类繁杂。公司内部的局域网要求将网络管理延伸到各个 VPN 节点甚至合作伙伴的边缘接入设备。要实现全网的统一管理，需要一个完善的 VPN 管理系统。VPN 管理的目标是实现高可靠性、高扩展性和经济性。

由此可见，由于 VPN 本身所固有的巨大优势，因此它在近年来发展迅速。

3．VPN 的组成

VPN 由 VPN 服务器、VPN 客户端、LAN 协议、远程访问协议和隧道协议等部分构成。VPN 的组成及常用的配置如图 9.3 所示。

（1）VPN 服务器。VPN 服务器用于接收和响应 VPN 客户端的连接请求，并建立 VPN 连接。

（2）VPN 客户端。VPN 客户端是指可以远程连接 VPN 服务器的用户计算机。运行 Windows 7、Windows XP、Windows Server 2012 等的用户都可以在本地创建连接到 VPN 服务器的远程访问 VPN 连接。

（3）LAN 协议和远程访问协议。LAN 协议常用的有 TCP/IP 协议和 AppleTalk 协议，利用 LAN 协议可以非常方便地应用程序传输信息。远程访问协议常用的有 PPP 协议，它的主要作用是协商和远程服务器的连接。

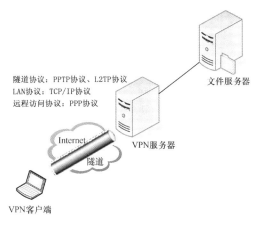

图 9.3 VPN 的组成及常用的配置

（4）隧道协议。隧道协议是隧道技术的核心。隧道技术的基本过程如下：在发送端与公用网的端口处将数据作为负载封装在一种可以在公用网上传输的标准数据格式中，在接收端的公用网的端口处将数据解封装，取出负载。被封装的数据包在 Internet 上传送时所经过的整个逻辑通道称为隧道。要使数据在隧道中可以顺利传送，数据的封装、传送及解封装是关键步骤，通常这些工作都由隧道协议来完成。目前，常用的隧道协议包括 PPTP 协议、L2F 协议、L2TP 协议和 IPSec 协议。

4 种隧道协议在 OSI 模型中所处的位置如表 9.1 所示。

表 9.1 4 种隧道协议在 OSI 模型中所处的位置

OSI 模型	安全协议
网络层	IPSec 协议
数据链路层	L2F 协议、PPTP 协议、L2TP 协议

9.1.2 任务实施

9.1.1 节介绍了 VPN 的基本概念和相关技术，下面介绍如何在 Windows Server 2016 服务器上架设 VPN 服务器，以实现 Windows VPN 网络的应用。

架设 VPN 服务器的拓扑结构如图 9.4 所示。

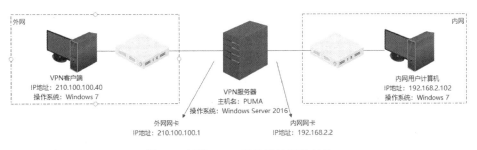

图 9.4 架设 VPN 服务器的拓扑结构

需要注意的是，如果使用虚拟机进行实验，那么 VPN 服务器需要配置双网卡，一块网卡采用桥接模式，另一块网卡采用 NAT 模式。

Windows Server 2016 对 VPN 的配置提供了向导程序，所以配置 VPN 服务非常简单，可以按照以下步骤来完成。

1. 添加路由和远程访问角色并配置 VPN 服务器

（1）选择"开始→管理工具→服务器管理器"命令，打开"服务器管理器"窗口，如图 9.5 所示。单击"添加角色和功能"链接，打开"添加角色和功能向导"窗口，如图 9.6 所示。

图 9.5 "服务器管理器"窗口

图 9.6 "添加角色和功能向导"窗口

（2）单击"下一步"按钮，在"选择服务器角色"界面的"角色"列表中勾选"远程访问"复选框，如图 9.7 所示。

（3）单击"下一步"按钮，在"选择角色服务"界面的"角色服务"列表中勾选"DirectAccess 和 VPN（RAS）"复选框，如图 9.8 所示。

（4）单击"下一步"按钮，在如图 9.9 所示的"确认安装所选内容"界面中，单击"安装"按钮开始安装。安装完毕后，显示如图9.10所示的界面。

图9.7　"选择服务器角色"界面

图9.8　"选择角色服务"界面

图9.9　"确认安装所选内容"界面

（5）单击"关闭"按钮，返回"服务器管理器"窗口，可以看到已安装的"远程访问"角色，如图9.11所示。

图 9.10 "安装进度"界面

图 9.11 已安装的"远程访问"角色

（6）选择"Windows 管理工具→远程访问管理"命令，打开"远程访问管理控制台"窗口，单击左窗格中"配置"下面的"DirectAccess 和 VPN"，再单击右窗格中的"运行远程访问设置向导"链接，如图 9.12 所示，在打开的窗口中单击"仅部署 VPN"链接，打开"路由和远程访问"窗口。

图 9.12 "远程访问管理控制台"窗口

在"路由和远程访问"窗口中，右击服务器名称，在弹出的快捷菜单中选择"配置并启用路由和远程访问"命令，如图 9.13 所示，打开"路由和远程访问服务器安装向导"对话框，如图 9.14 所示。

图 9.13　选择"配置并启用路由和远程访问"命令　图 9.14　"路由和远程访问服务器安装向导"对话框

（7）在打开的"路由和远程访问服务器安装向导"对话框中单击"下一步"按钮，打开"配置"界面，如图 9.15 所示。作为 VPN 服务器的 Windows Server 2016 服务器需要有两块网卡。若服务器只有一块网卡，则只选中"自定义配置"单选按钮（第五项）；若服务器有两块网卡，则可以根据实际情况选中"远程访问（拨号或 VPN）单选按钮（第一项）或"虚拟专用网络（VPN）访问和 NAT"单选按钮（第三项）"。这里使用的是 VPN 服务器，所以选中"虚拟专用网络（VPN）访问和 NAT"单选按钮，连续单击"下一步"按钮。

（8）打开如图 9.16 所示的界面，选择其中一项作为连接外网的端口。这里选择的是"外部网络"，单击"下一步"按钮，在如图 9.17 所示的界面中选中"来自一个指定的地址范围"单选按钮。要求指定相关的 IP 地址。此处指定的 IP 地址范围是作为 VPN 客户端通过虚拟专网连接到 VPN 服务器时所使用的 IP 地址池。需要注意的是，这个地址池应该与 VPN 服务器的内部网卡的 IP 地址是同一个 IP 网段，以保证 VPN 的联通。单击"新建"按钮，打开"新建 IPv4地址范围"对话框，在"起始 IP 地址"文本框中输入 210.100.100.10，在"结束 IP 地址"文本框中输入 210.100.100.50，如图 9.18 所示。

图 9.15　"配置"界面　　　　　　　　图 9.16　"VPN 连接"界面

图 9.17 "IP 地址分配"界面

图 9.18 为客户端指定 IP 地址

（9）单击"确定"按钮，可以看到已经指定了一段 IP 地址，如图 9.19 所示。单击"下一步"按钮，打开"管理多个远程访问服务器"界面，在该界面中可以指定身份验证的方法是路由和远程访问服务器还是 RADIUS 服务器。在此选中"否，使用路由和远程访问来对连接请求进行身份验证"单选按钮，如图 9.20 所示。单击"下一步"按钮，完成 VPN 的配置，如图 9.21 所示。

图 9.19 分配地址范围后的效果

图 9.20 "管理多个远程访问服务器"界面

图 9.21 完成 VPN 的配置

（10）这时看到"路由和远程访问"已启动（显示为向上的绿色箭头），如图 9.22 所示。至此，完成 Windows Server VPN 服务器的配置。

图 9.22　VPN 服务器配置完成后的效果

2．配置允许 VPN 连接的客户端账户

为了保证 VPN 服务器的安全性，需要对访问 VPN 服务器的客户端账户进行配置，只有使用进行了配置的客户端账户才可以正常访问 VPN 服务器。下面以允许某个用户连接 VPN 服务器为例进行说明，具体步骤如下（在具体应用中，若需要允许多个用户连接 VPN 服务器，则可以在"组"中创建允许访问 VPN 服务器的组）。

以管理员身份打开"计算机管理"窗口，展开"本地用户和组"，选中"用户"，在中间窗格中右击，显示如图 9.23 所示的界面，选择"新用户"命令，打开如图 9.24 所示的对话框，新建用户名为 vpnuser01 的账户，并设置密码，勾选"用户不能更改密码"复选框。

图 9.23　为客户端新建账户

图 9.24　为客户端设置密码

为客户端新建 vpnuser01 账户后，右击该账户，在弹出的快捷菜单中选择"属性"命令，如图 9.25 所示，打开"vpnuser01 属性"对话框。

在"vpnuser01 属性"对话框中切换至"拨入"选项卡，在"网络访问权限"选项组中选中"允许访问"单选按钮，如图 9.26 所示，单击"确定"按钮。

图 9.25　对客户端进行设置

图 9.26　设置远程访问权限

9.2　任务 2　VPN 客户端的配置

9.2.1　任务知识准备

VPN 通过公共网络（通常是 Internet）建立临时的、安全的连接，是一条穿过混乱的公共网络的安全、稳定的隧道。VPN 客户端在进行 IP 地址配置时，通常有两种方式：一是 VPN 服务器设置了 DHCP 功能，此时客户端可以采用自动获取 IP 地址的方式；二是 VPN 服务器未设置 DHCP 功能，此时客户端需要将 IP 地址配置为和 VPN 服务器公网 IP 地址相同的网段，否则无法进行拨号连接。本任务采用第一种方式，在客户端配置了 IP 地址，即 210.100.100.40；本任务采用和本项目中任务 1 相同的拓扑结构，客户端分别采用 Windows XP 和 Windows 7 进行实验。

9.2.2　任务实施

1．在客户端建立并测试 VPN 连接

VPN 客户端要连接到 VPN 服务器上，必须进行相应的配置。下面分别以 Windows XP 和 Windows 7 为例，介绍配置的具体步骤。

1）Windows XP 客户端的配置

（1）在客户端新建 VPN 连接。

以本地管理员账户登录 VPN 客户机，右击"网上邻居"，在弹出的快捷菜单中选择"属

性"命令，打开如图 9.27 所示的"网络连接"窗口。

单击左窗格中的"网络任务→创建一个新的连接"链接，打开如图 9.28 所示的"欢迎使用新建连接向导"界面，通过该界面可以建立连接，从而连接到 Internet 或专用网络。

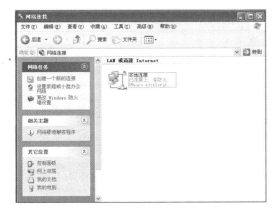

图 9.27 "网络连接"窗口　　　　　　　　图 9.28 "欢迎使用新建连接向导"界面

单击"下一步"按钮，打开"网络连接类型"界面，在该界面中可以指定建立的连接类型，在此选中"连接到我的工作场所的网络"单选按钮，如图 9.29 所示。

单击"下一步"按钮，打开"网络连接"界面，在该界面中可以建立拨号连接或 VPN 连接，在此选中"虚拟专用网络连接"单选按钮，如图 9.30 所示。

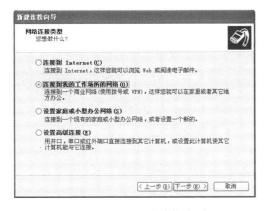
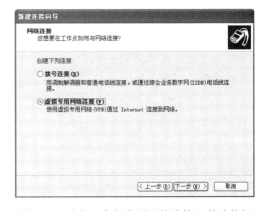

图 9.29 设置网络连接类型　　　　　　　　图 9.30 选中"虚拟专用网络连接"单选按钮

单击"下一步"按钮，打开"连接名"界面，在"公司名"文本框中输入需要连接的 VPN 名称，在此根据项目需要输入"岭南信息技术有限公司"，如图 9.31 所示。

单击"下一步"按钮，打开"VPN 服务器选择"界面，在"主机名或 IP 地址（例如，microsoft.com 或 157.54.0.1）"文本框中输入 210.100.100.1，指定要连接的 VPN 服务器的 IP 地址，如图 9.32 所示。

单击"下一步"按钮，打开如图 9.33 所示的"正在完成新建连接向导"界面，单击"完成"按钮，连接创建完成。

如图 9.34 所示，新建的客户端 VPN 连接目前的状态为"已断开"。

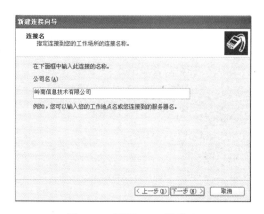

图 9.31　设置 VPN 连接名

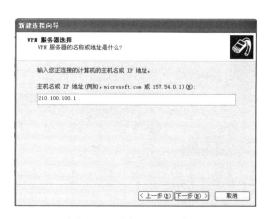

图 9.32　选择 VPN 服务器

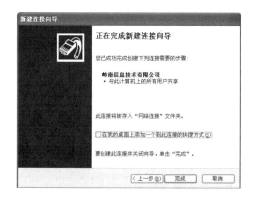

图 9.33　"正在完成新建连接向导"界面

图 9.34　新建的客户端 VPN 连接

（2）未连接 VPN 服务器时的测试。

打开"命令提示符"窗口，先后输入 ping 192.168.2.2 和 ping 192.168.2.102 测试 VPN 客户端和 VPN 服务器，以及网内计算机的连通性，若显示为超时则不能连通。

（3）连接 VPN 服务器。

双击图 9.34 中的"岭南信息技术有限公司"，打开如图 9.35 所示的对话框，输入服务器中设置的允许连接 VPN 的用户名和密码，在此使用 vpnuser01 建立连接。

单击"连接"按钮，经过身份验证后就可以连接到 VPN 服务器。在如图 9.36 所示的窗口中可以看到"岭南信息技术有限公司"的状态是"已连接上"。

图 9.35　连接 VPN

图 9.36　已经连接上 VPN 服务器的效果

2）Windows 7 客户端的配置

实际上，Windows 7 客户端的配置和 Windows XP 客户端的配置类似，所以这里只对不同之处进行说明，该 Windows 7 客户端计算机名为 TPLINK-PC。

单击"开始→控制面板→网络和 Internet→网络和共享中心"链接，打开如图 9.37 所示的界面。

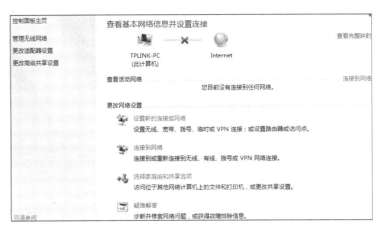

图 9.37　设置新的连接或网络

单击"更改网络设置→设置新的连接或网络"链接，打开如图 9.38 所示的"设置连接或网络"窗口，单击"连接到工作区"链接，打开如图 9.39 所示的"连接到工作区"窗口。

图 9.38　"设置连接或网络"窗口

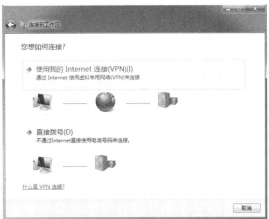

图 9.39　"连接到工作区"窗口

在"您想如何连接？"选项组中单击"使用我的 Internet 连接（VPN）"链接，切换至如图 9.40 所示的选项组。

在"连接之前…"选项组中选中"我稍后决定"单选按钮，切换至如图 9.41 所示的选项组。

在"Internet 地址"文本框中输入 210.100.100.1，在"目标名称"文本框中输入"岭南信息技术有限公司"，单击"下一步"按钮，切换至如图 9.42 所示的选项组，在"用户名"文本框和"密码"文本框中输入 VPN 服务器允许的账户和密码，单击"创建"按钮。此时，

VPN 客户端创建成功（见图 9.43），返回网络和共享中心，找到刚创建的 VPN 客户端，输入用户名和密码，单击"连接"按钮就可以实现 VPN 拨号。

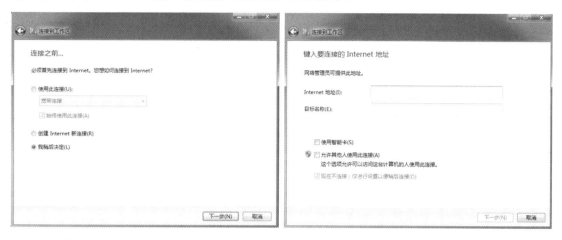

图 9.40　"连接之前…"选项组　　　　图 9.41　"输入要连接的 Internet 地址"选项组

图 9.42　输入用户名和密码　　　　图 9.43　创建的 VPN 客户端

2．验证 VPN 连接

VPN 客户机在成功连接到 VPN 服务器后，可以访问公司内部局域网的共享资源，并采用以下 3 种方法进行验证，具体步骤如下。

1）查看 VPN 客户机获取的 IP 地址

以本地管理员账户登录 VPN 客户机，打开"命令提示符"窗口，输入命令 ipconfig/all，可以查看 IP 地址信息，如图 9.44 所示，可以看到 VPN 连接获得的 IP 地址为 210.100.100.11。

先后输入命令 ping 192.168.2.2 和 ping 192.168.2.102 测试 VPN 客户端和 VPN 服务器，以及内网计算机的连通性，如图 9.45 所示，显示能连通。

2）在 VPN 服务器上的验证

以本地管理员账户登录 VPN 服务器，在"路由和远程访问"窗口中，展开服务器，如图 9.46 所示，单击"远程访问客户端"，此时右窗格中显示的是连接时间和连接的账户信息。

```
C:\WINDOWS\system32\cmd.exe
Microsoft Windows XP [版本 5.1.2600]
<C> 版权所有 1985-2001 Microsoft Corp.

C:\Documents and Settings\Administrator>ipconfig/all

Windows IP Configuration

        Host Name . . . . . . . . . . . . : cilent-dd76d450
        Primary Dns Suffix  . . . . . . . :
        Node Type . . . . . . . . . . . . : Unknown
        IP Routing Enabled. . . . . . . . : No
        WINS Proxy Enabled. . . . . . . . : No

Ethernet adapter 本地连接:

        Connection-specific DNS Suffix  . :
        Description . . . . . . . . . . . : VMware Accelerated AMD PCNet Adapter

        Physical Address. . . . . . . . . : 00-0C-29-E6-85-79
        Dhcp Enabled. . . . . . . . . . . : No
        IP Address. . . . . . . . . . . . : 210.100.100.42
        Subnet Mask . . . . . . . . . . . : 255.255.255.0
        Default Gateway . . . . . . . . . :

PPP adapter 岭南信息技术有限公司:

        Connection-specific DNS Suffix  . :
        Description . . . . . . . . . . . : WAN (PPP/SLIP) Interface
        Physical Address. . . . . . . . . : 00-53-45-00-00-00
        Dhcp Enabled. . . . . . . . . . . : No
        IP Address. . . . . . . . . . . . : 210.100.100.11
        Subnet Mask . . . . . . . . . . . : 255.255.255.255
        Default Gateway . . . . . . . . . : 210.100.100.11
```

图 9.44　查看 IP 地址信息

```
C:\WINDOWS\system32\cmd.exe
Microsoft Windows XP [版本 5.1.2600]
<C> 版权所有 1985-2001 Microsoft Corp.

C:\Documents and Settings\Administrator>ping 192.168.2.2

Pinging 192.168.2.2 with 32 bytes of data:

Reply from 192.168.2.2: bytes=32 time=9ms TTL=128
Reply from 192.168.2.2: bytes=32 time<1ms TTL=128
Reply from 192.168.2.2: bytes=32 time<1ms TTL=128
Reply from 192.168.2.2: bytes=32 time<1ms TTL=128

Ping statistics for 192.168.2.2:
    Packets: Sent = 4, Received = 4, Lost = 0 (0% loss),
Approximate round trip times in milli-seconds:
    Minimum = 0ms, Maximum = 9ms, Average = 2ms

C:\Documents and Settings\Administrator>ping 192.168.2.102

Pinging 192.168.2.102 with 32 bytes of data:

Reply from 192.168.2.102: bytes=32 time=3ms TTL=63
Reply from 192.168.2.102: bytes=32 time<1ms TTL=63
Reply from 192.168.2.102: bytes=32 time<1ms TTL=63
Reply from 192.168.2.102: bytes=32 time<1ms TTL=63

Ping statistics for 192.168.2.102:
    Packets: Sent = 4, Received = 4, Lost = 0 (0% loss),
Approximate round trip times in milli-seconds:
    Minimum = 0ms, Maximum = 3ms, Average = 1ms
```

图 9.45　测试 VPN 连接

图 9.46　远程访问客户端

　　单击"端口"，在右窗格中可以查看"端口"的活动状态，如果状态是"活动"，则表明
有客户端连接到 VPN 服务器，如图 9.47 所示。右击"端口"，并在弹出的快捷菜单中选择"状
态"命令，打开"端口状态"对话框，可以查看连接时间、用户，以及分配给 VPN 客户机
的 IP 地址。

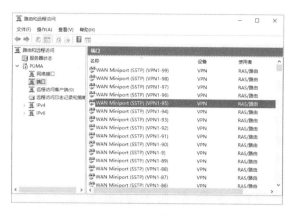

图 9.47　查看端口状态

3）访问内部局域网的共享文件夹

在内部局域网 IP 地址为 192.168.2.102 的计算机上，创建 C:\test 文件夹作为测试目录，并将该文件夹设置为共享，如图 9.48 所示。

图 9.48　在内部局域网中创建共享文件夹

以本地管理员账户登录 VPN 客户机，选择"开始→运行"命令，输入内部局域网中共享文件夹的 UNC 路径，即\\192.168.2.102，如图 9.49 所示。由于已经连接到 VPN 服务器上，因此可以访问内部局域网的共享资源，如图 9.50 所示。

图 9.49　输入 UNC 路径

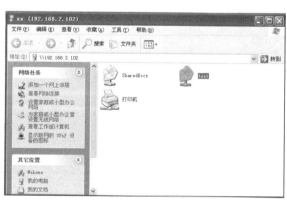

图 9.50　访问内部局域网的共享资源

4）断开 VPN

以本地管理员账户登录 VPN 服务器，在"路由和远程访问"窗口中依次展开服务器和"远程访问客户端"，右击"远程访问客户端"，在弹出的快捷菜单中选择"断开"命令即可断开客户端的 VPN 连接，如图 9.51 所示。

图 9.51 断开 VPN 连接

实训 9 Windows Server 2016 中 VPN 的配置和实现

一、实训目标

（1）掌握在 Windows Server 2016 中配置 VPN 服务器的方法。

（2）掌握在 Windows 7 中建立 VPN 客户端的方法。

（3）掌握在 VPN 服务器上配置远程访问策略的方法。

二、实训准备

（1）网络环境：已搭建好的 100Mbit/s 的以太网，包含交换机、超五类（或五类）UTP 直通线若干、3 台或 3 台以上的计算机（具体数量可以根据学生人数安排）。

（2）服务器端计算机配置：CPU 为 Intel Pentium 4 以上版本，内存不小于 1GB，硬盘剩余空间不小于 20GB，并且已安装 Windows Server 2016，或者已安装 VMware Workstation 13 以上版本，同时硬盘中有 Windows Server 2016、Windows XP 和 Windows 7 的安装程序，服务器为双网卡配置或在虚拟机中创建两个网络适配器，其中一个适配器采用桥接模式，作为连接内网的网卡，另一个适配器采用 NAT 模式，作为连接外网的网卡。

（3）客户端计算机配置：CPU 为 Intel Pentium 4 以上版本，内存不小于 1GB，硬盘剩余空间不小于 20GB，并且已安装 Windows XP 或 Windows 7，或者已安装 VMware Workstation 13 以上版本，同时硬盘中有 Windows XP 和 Windows 7 的安装程序。

三、实训步骤

采用如图 9.4 所示的拓扑结构，包括 3 台计算机，一台作为 VPN 服务器，一台作为外网客户机，另一台作为内网计算机。

约定 VPN 服务器的名称为 server，外网客户机的名称为 exclient，内网计算机的名称为 inclient。

（1）为 server 服务器的双网卡进行 IP 地址配置，内网网卡的 IP 地址为 192.168.1.1，外网网卡的 IP 地址为 210.100.100.1。

（2）为 exclient 客户机配置的 IP 地址为 210.100.100.10（注意，只要是同一网段即可），为 inclient 计算机配置的 IP 地址为 192.168.1.10。

（3）在 inclient 计算机上设置一个共享文件夹，名称为 vpndocument。

（4）在 server 服务器上启用"路由和远程访问"，创建 VPN，并对远程客户端计算机的 IP 地址的范围进行指派。

（5）在 server 服务器上查看 VPN 服务器的状态是否正常。

（6）在 server 服务器上创建 VPN Users 组，作为可以访问 server 服务器的组。

（7）在 server 服务器上创建新用户 vpnuser01，并且只加入 VPN Users 组，作为允许 VPN 连接的客户端账户。

（8）在 server 服务器上创建新用户 vpnuser02，并且只加入 VPN Users 组。

（9）在 exclient 客户机上建立 VPN 连接。

（10）在 exclient 客户机上使用 vpnuser01 用户连接 VPN 服务器。

（11）连接成功后，观察 exclient 客户机在 VPN 连接中获取的 IP 地址的情况。

（12）连接成功后，验证 exclient 客户机能否 ping 通 VPN 服务器和 inclient 计算机。

（13）连接成功后，验证 exclient 客户机能否访问 inclient 计算机上的 vpndocument 共享文件夹。

（14）在 server 服务器上配置远程访问策略，只允许 VPN Users 组的用户在星期一到星期五的 8:00—19:00 访问 server 服务器。

（15）在 exclient 客户机上分别以用户 vpnuser01 和 vpnuser02 尝试登录 server 服务器，并验证登录的结果。

习 题 9

一、填空题

1. VPN 常用的隧道协议包括 4 种，其中位于 OSI 模型中数据链路层的是_____、_____和_____。

2. VPN 的组成包括_____、_____、LAN 协议、远程访问协议、_____等部分。

3. 远程访问策略的元素包括 3 个，分别是条件、_____和_____。

二、选择题

1. 使用（   ）命令可以启动 VPN 服务器。

    A. nct stop remoteaccess   B. net start vpnaccess

    C. net start remoteaccess   D. net stop vpnaccess

2．Windows Server 2016 默认有（　　）个远程访问策略。

    A．1　　　　　　　　B．2　　　　　　　　C．3　　　　　　　　D．4

3．（　　）不是创建 VPN 需要采用的技术。

    A．PPTP　　　　　　B．PKI　　　　　　　C．L2TP　　　　　　D．IPSec

三、简答题

1．什么是 VPN？VPN 技术的特点是什么？

2．VPN 有几种应用场合？各有什么特点？

3．简述远程访问策略的验证过程。

4．某单位的办公局域网使用私有地址，通过防火墙接入 Internet，为了方便公司的员工在外地出差时能访问公司内部的数据库服务器提取和上传资料，最好的解决方案是什么？请给出建议方案。

项目 10　虚拟化服务

【项目情景】

Contoso 职业技术学院的"国际贸易"课程需要开设两个学期，学校有一台服务器安装了国际贸易平台，学生平时上机时在服务器上保留了大量数据，第一学期期末考试需要使用该平台但必须清空这些数据，第二学期上课又需要使用这些数据，学校由于经费紧张只为该课程配备了一台服务器，那么能否在该服务器上再搭建一个平台，临时搭建的这个平台只在第一学期期末考试时使用而又不影响第二学期学习该课程呢？答案是肯定的，这时，Windows Server 2016 的虚拟化服务就能派上用场。

【项目分析】

（1）在 Windows Server 2016 服务器上安装虚拟化服务 Hyper-V。

（2）如何配置 Hyper-V？包括基本设置和网络设置。

（3）在 Hyper-V 中创建虚拟机并安装系统。

（4）安装完成后如何修改虚拟机的设置。

【项目目标】

（1）理解什么是虚拟化服务。

（2）学会 Hyper-V 的安装及配置。

【项目任务】

任务 1　安装和管理 Hyper-V

任务 2　设置 Hyper-V 并创建虚拟机

任务 3　在虚拟机中安装操作系统并设置

10.1　任务 1　安装和管理 Hyper-V

10.1.1　任务知识准备

1. 虚拟化概述

20 世纪 60 年代初，IBM 公司就在大型计算机上应用了虚拟机技术。Microsoft 则在其 Windows NT 中包含了虚拟 DOS 机。Connectix 公司于 1997 年推出了 Virtual PC 的虚拟机软件。VMware 于 1999 年发布了 VMware 工作站。随着 Windows Server 2012 的发布，Microsoft

推出了新的虚拟技术软件——Hyper-V。

在出现虚拟化这个概念之前，IT 经理通常会遇到 3 个大难题：硬件没有得到充分利用，数据中心或分支机构之间的空间费用等过高；为了实现操作系统及应用的业务持续性需要进行灾难备份，计划性与非计划性的宕机时间影响服务器的正常运行，应用不兼容，冗长的测试过程等无法满足服务要求；无法快速应对时刻变化的桌面与数据中心的需求，无法满足快速扩展的要求。而将虚拟化和统一性相结合，可扩展的基础架构和灵活的管理工具相结合，就可以解决这些难题。

虚拟化是将某项计算机资源从其他资源中分离出来的一项技术。使用虚拟化可以提高资源的有效利用率，并使操作更加灵活，同时简化变更管理。Hyper-V 的技术架构如图 10.1 所示。

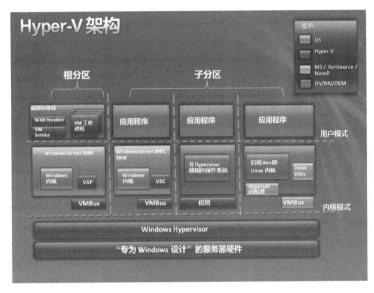

图 10.1　Hyper-V 的技术架构

虚拟化有 4 个关键的特征，分别为打包、整合、备份及迁移。打包是指将整个系统，包括硬件配置、Windows 及程序打包成文档；整合是指在一台物理服务器上同时运行多台虚拟机；备份是指虚拟的文件容易备份和恢复；迁移是指可以在其他服务器上不加修改地运行。这也是虚拟化的几个显著优势。

下面介绍 Microsoft 最新推出的虚拟技术软件 Hyper-V。

2．认识 Hyper-V

虽然现在常用的虚拟软件除了 Hyper-V 还有很多种，如 VMware 等，但由于篇幅有限，下面主要介绍 Hyper-V 的特点和功能等。

1）Hyper-V 概述

Hyper-V 是 Windows Server 2012 中的一项重要的新增功能，开发代号为 Viridian，是新一代基于 64 位操作系统的虚拟化技术。使用 Hyper-V 可以提高硬件的利用率，优化网络和业务结构，并提高服务器的持续有效性。与 Virtual Server 2005 R2 相比，Hyper-V 扩展了虚拟化的能力，不仅可以管理 32 位的虚拟主机，还可以管理 64 位的虚拟主机，可以使虚拟主机访问更大的内存，识别多个处理器。Hyper-V 与 Virtual Server 2005 R2 的比较如表 10.1 所示。

表 10.1　Hyper-V 与 Virtual Server 2005 R2 的比较

指标		Virtual Server 2005 R2	Hyper-V
性能/扩展性	32 位虚拟机	Yes	Yes
	64 位虚拟机	No	Yes
	虚拟 SMP	No	Yes
	虚拟机内存	3.6 GB/虚拟机	64GB/虚拟机
	资源管理	Yes	Yes
可用性	虚拟机故障转移	Yes	Yes
	主机故障转移	Yes	Yes
	主机快速迁移	No	Yes
	虚拟机快照	Yes	Yes
管理性	脚本/扩展性	Yes，COM	Yes，WMI
	用户端口	Web Interface	MMC 3.0 Interface
	VMM 集成	VMM 2007	VMM v.Next

Hyper-V 包括 3 个主要组件，分别是管理程序（Hypervisor）、虚拟化堆栈，以及新的虚拟化 I/O 模型。管理程序基本上用来创建不同的分区，每个虚拟化示例都将在这些分区上运行。虚拟化堆栈及新的虚拟化 I/O 模型提供了与 Windows 自身的交互功能，以及与被创建的不同分区的交互功能。管理程序是一个非常小的软件，直接在处理器上运行。这个软件会与处理器上运行的线程挂钩，该线程可以有效地管理多台虚拟机。

2）Hyper-V 的特点及功能

Hyper-V 有如下 8 个特点。

（1）基于 Hypervisor 的全新系统架构，性能接近真实机器。

（2）同时支持 32 位虚拟机和 64 位虚拟机。

（3）虚拟机的内存容量最多达 64GB。

（4）虚拟机最多支持 4 个 CPU 内核。

（5）支持主机集群：快速转移，高可用性。

（6）虚拟机快照（SnapShot）。

（7）WMI 管理端口。

（8）支持 Server Core 和完全安装。

另外，作为 64 位 Windows Server 2012 的一部分，Hyper-V 有如下功能。

（1）Hyper-V 已经成为核心服务器的一个角色，并且能和服务器管理器集成在一起，用户可以非常方便地在服务器管理器中添加或删除它。

（2）能快速地迁移。实践中可以将运行的虚拟机从一台主机快速迁移到其他主机。

（3）可以使用卷影复制服务（Volume Shadow Copy Services）来实现在线备份，即实现虚拟机快照，捕获正在运行的虚拟机状态，以便将其恢复为以前的状态。

（4）可以使用 MMC 控制台实现远程管理。

（5）Hyper-V 不仅支持主机到主机之间的连接，还支持运行在一台物理主机上的多台虚拟机之间创建集群，从而实现高可靠性。

（6）允许用户将虚拟机的配置进行导入/导出，便于用户备份虚拟机的配置，提高虚拟机的可管理性。

（7）集成了 Linux 组件，实现了对 Linux 的支持。使用 AxMan 可以增强访问控制，并支持虚拟的 LAN。

Hyper-V 与 VMware 的比较如表 10.2 所示。

表 10.2　Hyper-V 与 VMware 的比较（$$表示非免费）

指标	Hyper-V	VMware
架构支持	x86 & x64	x86 & x64
内存支持	64GB per VM	64GB per VM
虚拟机多处理器支持	4 内核（免费）	2/4 内核（$$）
迁移	快速迁移，跨越 WAN 迁移	在线迁移（$$），本地灾难恢复（$$）
管理平台	虚拟机/物理机器，统一的管理平台	只提供虚拟机的管理平台

10.1.2　任务实施

1．安装 Hyper-V 的前提要求

安装 Hyper-V 对软件和硬件有一定的要求，具体如下。

（1）需要基于 64 位处理器。Hyper-V 只能用于基于 64 位处理器的 Windows Server 2016，具体包括基于 64 位的 Windows Server 2016 Standard、Windows Server 2016 Datacenter。

（2）硬件相关的虚拟化。该功能可用于包括虚拟化选项的处理器中，具体包括 Intel VT 或 AMD 虚拟化（AMD-V，以前是名为 Pacifica 的代码）。

（3）必须启用硬件数据执行保护（DEP）。必须启用 Intel XD 位（执行禁用位）或 AMD NX 位（无执行位）。

2．安装 Hyper-V 的步骤

下面分别介绍在 Windows Server 2016 Standard 中安装 Hyper-V 和在核心服务器安装方式下安装 Hyper-V 的方法。

1）在 Windows Server 2016 Standard 中安装 Hyper-V

（1）进入系统后，需要先添加角色。在"服务器管理器"窗口中单击"添加角色和功能"链接，如图 10.2 所示。

（2）打开如图 10.3 所示的"开始之前"界面，单击"下一步"按钮。

（3）在如图 10.4 所示的"选择服务器角色"的"角色"列表中勾选 Hyper-V 复选框，向导会检查处理器是否符合虚拟化要求，单击"下一步"按钮。

图 10.2　单击"添加角色和功能"链接

图 10.3　"开始之前"界面

图 10.4　勾选 Hyper-V 复选框

（4）打开如图 10.5 所示的 Hyper-V 界面，单击"下一步"按钮。

图 10.5　Hyper-V 界面

（5）在如图 10.6 所示的"创建虚拟交换机"界面中，单击希望在虚拟网络中可以看到的一个或多个网络适配器。选择"名称"下的网卡为 Hyper-V 虚拟机添加第一块虚拟网卡。单击"下一步"按钮。

图 10.6　"创建虚拟交换机"界面

在安装完成后，也可以添加虚拟网卡。

（6）在如图 10.7 所示的"确认安装所选内容"界面中，单击"安装"按钮。

（7）在安装完成后，根据提示重新启动计算机，单击"关闭"按钮关闭窗口，如图 10.8 所示。

（8）当计算机重新启动后，使用安装 Hyper-V 时使用的账户登录系统。查看服务器管理器，Hyper-V 角色已安装成功，如图 10.9 所示。

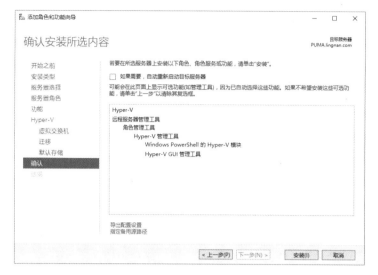

图 10.7 "确认安装所选内容"界面

图 10.8 "安装进度"界面

图 10.9 Hyper-V 角色

2）在核心服务器安装方式下安装 Hyper-V

在核心服务器安装方式下，只能使用命令来安装 Hyper-V。在命令行中输入如下命令：

```
Start /w ocsetup Microsoft-Hyper-V
```

3．管理 Hyper-V

1）在完全安装方式下管理 Hyper-V

在完全安装方式下的 Windows Server 2016 中，可以使用 Hyper-V 管理器对 Hyper-V 进行直接管理。当第一次打开 Hyper-V 管理器时，用户需要使用管理员组中的一个账户来接收终端用户授权许可。否则，用户将无法使用该管理器管理 Hyper-V。为了避免出现这个问题，一般使用一个曾经打开过 MMC 管理器的账户登录系统。

2）在核心服务器安装方式下管理 Hyper-V

在这种方式下，一般使用 Hyper-V 的管理工具进行远程管理。主要使用在 Windows Server 2016 完全安装环境或 Windows 10 中的 Hyper-V 可视化管理工具，远程连接到核心服务器安装方式下安装的 Hyper-V 进行管理。

10.2 任务 2 设置 Hyper-V 并创建虚拟机

10.2.1 虚拟机的基本设置

在安装好 Hyper-V 之后就要对其进行一些设置，下面简要介绍其基本设置。

（1）打开如图 10.10 所示的"Hyper-V 管理器"窗口，在该窗口的左窗格中右击计算机名称，弹出的快捷菜单包括"Hyper-V 设置""虚拟交换机管理器"等命令，先选择"Hyper-V 设置"命令。

图 10.10 "Hyper-V 管理器"窗口

（2）在打开的"PUMA 的 Hyper-V 设置"窗口中，可以设置默认的虚拟硬盘、虚拟机的保存路径、热键等，下面分别加以介绍。

① 在"虚拟硬盘"区域中，可以设置默认的虚拟硬盘的保存位置，如图 10.11 所示，此处选择 C:\Users\Public\Documents\Hyper-V\Virtual Hard Disks 文件夹。

图 10.11　设置默认的虚拟硬盘的保存位置

② 在"虚拟机"区域中，可以设置默认的虚拟机的保存位置，如图 10.12 所示，此处选择 C:\ProgramData\Microsoft\Windows\Hyper-V 文件夹。

图 10.12　设置默认的虚拟机的保存位置

【说明】在 Microsoft 的 Hyper-V 中，虚拟机配置文件、虚拟硬盘镜像文件仍然保存在不同的文件夹中（可以设置为保存在同一个文件夹中），但 Hyper-V 默认创建的所有虚拟机、虚拟硬盘镜像文件都保存在同一个（或两个）文件夹中。当虚拟机数量比较多时，不容易分辨出虚拟硬盘镜像与虚拟机的所属关系。从这一点来看，Hyper-V 虚拟机远远不如 VMware 系列虚拟机。VMware 系列虚拟机将不同的虚拟机保存在不同的文件夹中，这样初学者很容易完成虚拟机的迁移与删除工作。当然，在 Hyper-V 虚拟机中，创建虚拟机时可以人为设置不同的路径，将虚拟机保存在不同的文件夹中，但这样操作显得比较麻烦。

③ 在"键盘"区域中，可以设置当运行虚拟机连接时应该如何使用 Windows 组合键，如图 10.13 所示。

图 10.13　设置 Windows 组合键的应用范围

④ 在"鼠标释放键"区域中，可以设置当未运行虚拟机驱动程序时（以前称为虚拟机附加程序），如何将鼠标从虚拟机中切换到主机中，默认选项是"Ctrl+Alt+向左键"，可以在"释放键"下拉列表中选择，如图 10.14 所示。

图 10.14　设置鼠标释放键

【说明】这相当于 VMware 系列虚拟机的 Ctrl+Alt 组合键。

⑤ 在"重置复选框"区域中，当虚拟机全屏运行时，如果勾选"全屏时隐藏页面提示和消息"复选框，则可以通过单击如图 10.15 所示的"重置虚拟机"按钮，恢复虚拟机的设置。

图 10.15　重置虚拟机

设置完成后，单击"确定"按钮。

10.2.2　Hyper-V 中的网络设置

在 Windows Server 2016 服务器管理器——虚拟交换机管理器中，可以为 Hyper-V 虚拟机添加虚拟网卡，这相当于 VMware 的"虚拟网络设置"。与 VMware 不同的是，Microsoft 的虚拟网络中没有内置 DHCP 服务器，所以，在创建虚拟网络后，如果在虚拟机中使用了这些虚拟网卡，就需要手动为虚拟机设置 IP 地址。

1．修改虚拟网络的名称

在 Hyper-V 的虚拟交换机管理器中，可以添加、删除或修改虚拟网卡。下面介绍修改虚拟网络的名称的方法。

（1）选择"虚拟交换机管理器"命令，如图 10.16 所示。

（2）在"PUMA 的虚拟交换机管理器"窗口中，默认添加了一块虚拟网卡，这块网卡的属性为"外部网络"，这是在添加 Hyper-V 角色时添加的。这块网卡相当于 VMware 系列虚拟机中的 VMnet0 虚拟网卡。为了方便显示，将该虚拟网卡重命名为 external network，并且添加说明文字，如图 10.17 所示。修改之后，单击"应用"按钮。

图 10.16　选择"虚拟交换机管理器"命令

图 10.17　修改虚拟网卡的名称

【说明】在 Hyper-V 虚拟机中,如果选中图 10.17 中的"外部网络"单选按钮,则表示该虚拟机可以连接到主机及主机所连接的外部网络。

2. 添加虚拟网卡

在 VMware 系列虚拟机中,默认 VMware 添加了 VMnet1 与 VMnet8 虚拟网卡,以后有需求时,还可以添加其他的虚拟网卡。而在 Hyper-V 中,也可以添加虚拟网卡,并且添加的虚拟网卡具有与 VMware 系列虚拟机相同或类似的功能。下面介绍添加类似于 VMware 的 VMnet1 虚拟网卡与添加 VMware Workstation 的 Team 中虚拟网卡的方法。

（1）在"PUMA 的虚拟交换机管理器"窗口中，单击左窗格中的"新建虚拟网络交换机"，在右窗格的"创建虚拟交换机"区域中选择"内部"选项，如图 10.18 所示，单击"创建虚拟交换机"按钮。

图 10.18　添加内部网络

（2）如图 10.19 所示，在"名称"文本框中输入 Internal Network，在"说明"文本框中输入针对该虚拟网络适配器的说明，在"连接类型"选项组中选中"内部网络"单选按钮，单击"应用"按钮。

图 10.19　添加连接内部网络的网卡

【说明】在 Hyper-V 虚拟机中，如果选中图 10.19 中的"内部网络"单选按钮，则表示该虚拟机可以连接到主机与该主机中使用内部网络的虚拟机。这块网卡相当于 VMnet 系列虚拟机中的 VMnet1 虚拟网卡，虚拟机只能与主机、其他虚拟机互连。

（3）创建专门由 Hyper-V 虚拟机使用的专用虚拟网络。

返回"PUMA 的虚拟交换机管理器"窗口，单击左窗格中的"新建虚拟网络交换机"，在右窗格的列表中选择"专用"选项，如图 10.20 所示，单击"创建虚拟交换机"按钮。

图 10.20　添加专用网络

（4）如图 10.21 所示，在"名称"文本框中输入 Private Virtual Network，在"说明"文本框中输入针对该虚拟网络适配器的说明，在"连接类型"选项组中选中"专用网络"单选按钮，单击"应用"按钮。

图 10.21　添加专用虚拟网络

【说明】在 Hyper-V 虚拟机中，如果选中图 10.21 中的"专用网络"单选按钮，则表示该虚拟机只能连接到其他使用专用网络的虚拟机。这块网卡相当于 VMware Workstation 虚拟机的 Team 中的 LAN1 等虚拟网卡。

3．删除虚拟网卡

在"虚拟网络管理器"窗口中，还可以删除虚拟网卡。删除虚拟网卡的方法很简单，只要选中要删除的虚拟网卡，单击图 10.21 中的"移除"按钮即可完成删除操作。

10.2.3　在 Hyper-V 中创建虚拟机

下面介绍在 Hyper-V 中创建虚拟机的方法。在 Windows Server 2016 中，可以在"服务器管理器"窗口或"Hyper-V 管理器"窗口中，创建、修改、删除虚拟机。下面创建一台 Windows 7、2048MB 内存、20GB 虚拟硬盘、使用主机网卡的虚拟机。

（1）在"Hyper-V 管理器"窗口中，右击计算机名称，在弹出的快捷菜单中选择"新建→虚拟机"命令，如图 10.22 所示。

图 10.22　新建虚拟机

（2）在"新建虚拟机向导"对话框中，先在"开始之前"界面中选中"不再显示此页"单选按钮，然后单击"下一步"按钮。

（3）在"名称"文本框中输入虚拟机的名称，本节设置的名称为 windows 7。如果想修改存储虚拟机的位置，则勾选"将虚拟机存储在其他位置"复选框，如图 10.23 所示，单击"浏览"按钮可以选择存储虚拟机的位置。

（4）在"分配内存"界面中为虚拟机分配内存，本节为虚拟机分配 2048MB 的内存，如图 10.24 所示。

（5）在"配置网络"界面中为虚拟机选择虚拟网卡，这是在"虚拟交换机管理器"窗口中创建（或添加、修改）的网卡。本节选择 external network，如图 10.25 所示。

图 10.23　设置虚拟机的名称与存储位置

图 10.24　为虚拟机分配内存

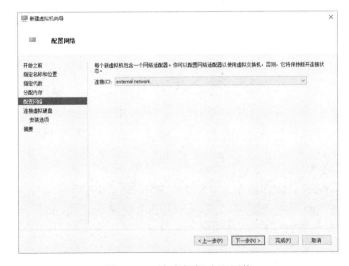

图 10.25　为虚拟机分配网络

（6）在"连接虚拟硬盘"界面中为虚拟机创建虚拟硬盘。在此可以设置虚拟硬盘的名称、位置及大小，如图 10.26 所示。

图 10.26　创建虚拟硬盘

【说明】在 Microsoft 的 Hyper-V 虚拟机中，虚拟硬盘最大可以达到 64TB，这样的虚拟硬盘在做某些实验时是很有用的。

（7）在"安装选项"界面中选择安装操作系统的方法。本节选择从 ISO 镜像安装，如图 10.27 所示。

图 10.27　安装操作系统的方法

【说明】如果虚拟机所属网络中有远程安装服务器或 Windows 部署服务，则可以通过虚拟机的网卡，直接从网络安装操作系统，这时只需要在图 10.27 中选中"从基于网络的安装服务器安装操作系统"单选按钮即可。但是，这项功能只适合 32 位的 Windows 操作系统，不适合安装 64 位的操作系统。

（8）创建虚拟机完成后，单击"完成"按钮，如图 10.28 所示。

图 10.28   创建虚拟机完成

10.3   任务 3   在虚拟机中安装操作系统并设置

10.3.1   在虚拟机中安装操作系统

启动虚拟机后，在虚拟机中安装操作系统比较简单。下面介绍管理器中 Hyper-V 虚拟机的界面，如图 10.29 所示。

图 10.29   管理器中的 Hyper-V 虚拟机的界面

在"Hyper-V 管理器"窗口中，选中并启动刚刚创建的虚拟机 windows 7，开始安装操作系统。

按照平时的步骤安装 Windows 7。需要注意的是，若要释放鼠标，则按 Ctrl+Alt+←组合键，这相当于 VMware 中的 Ctrl+Alt 组合键，就是从虚拟机中返回主机的热键。

安装操作系统后，虚拟机连接界面如图 10.30 所示。

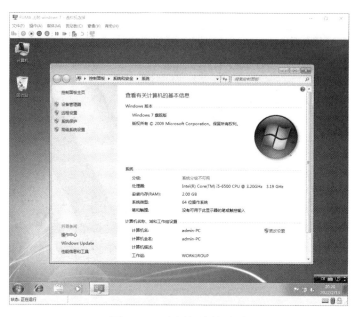

图 10.30　虚拟机连接界面

之后，从虚拟机到主机就不再需要热键，可以直接用鼠标进行切换。

当然，还有其他几款虚拟软件，如前面提到的 VMware，其安装方法与 Hyper-V 的类似，有兴趣的读者，可以阅读相关资料进一步了解。

10.3.2　在 Hyper-V 中修改虚拟机设置

在"服务器管理器"窗口或"Hyper-V 管理器"窗口中，可以很方便地对虚拟机进行管理，包括修改虚拟机的设置、为虚拟机添加或删除硬件、启动虚拟机、为虚拟机创建快照、从快照还原虚拟机、重命名或删除虚拟机等。下面介绍如何修改虚拟机的设置。

（1）打开"服务器管理器"窗口或"Hyper-V 管理器"窗口，在右窗格的"虚拟机"列表中选中想要的虚拟机并右击，就会弹出虚拟机管理的快捷菜单，选择"设置"命令，进入虚拟机的设置界面。在"添加硬件"区域中可以为当前虚拟机添加 SCSI 控制器、网卡等设备，如图 10.31 所示。

【说明】如图 10.31 所示，在添加网卡时，有"网络适配器"和"旧版网络适配器"两种选择。如果选择"网络适配器"选项，则支持新 Microsoft 虚拟网卡。如果选择"旧版网络适配器"选项，则使用 Microsoft Virtual PC 或 Virtual Server 2005 中的 DEC 21140 10/100TX 100 MB 虚拟网卡，该虚拟网卡支持 PXE 引导。但是，在 Windows Server 2003 的 64 位版本中不支持该虚拟网卡。如果虚拟机要安装 64 位的 Windows Server 2003，则不要选择"旧版网络适配器"选项。

（2）在 BIOS 区域中可以设置虚拟机的启动顺序，如图 10.32 所示。在"启动顺序"选项组中选择一个设备，单击右侧的"上移"按钮或"下移"按钮可以调整启动顺序。

【说明】在 VMware、Virtual PC 系列虚拟机中，模拟 BIOS 选项，可以在打开虚拟机后按热键进行 CMOS 设置。但在 Hyper-V 虚拟机中，没有单独提供进行 CMOS 设置的选项，所以只能调整启动顺序。

图 10.31　添加硬件

图 10.32　设置虚拟机的启动顺序

（3）在"内存"区域中可以修改虚拟机内存的大小。

（4）如图 10.33 所示，在"处理器"区域中，可以设置虚拟机中逻辑处理器的数量、CPU 资源控制、处理器功能等。

在"虚拟处理器的数量"下拉列表中，选择虚拟机 CPU 的数量，可以选择 1 或 2。

图 10.33 "处理器"区域

下面对"资源控制"选项组中的几个选项进行说明。

① 虚拟机保留（百分比）：指定保留以供虚拟机使用的资源占可用于虚拟机的所有资源的百分比。该设置不仅可以保证将指定的百分比用于虚拟机，还影响可以一次运行的虚拟机数量。

② 虚拟机限制（百分比）：指定虚拟机可以使用的资源占可用于虚拟机的所有资源的最大百分比。无论其他虚拟机是否正在运行，都会应用该设置。

③ 相对权重：指定当多台虚拟机正在运行并且竞争资源时，Hyper-V 为该虚拟机分配资源的方式。

（5）在"IDE 控制器"区域中可以添加硬盘或光驱，如图 10.34 所示。

图 10.34 添加硬盘或光驱

在如图 10.35 所示的"硬盘驱动器"区域中，可以添加或删除虚拟硬盘。单击"新建"按钮可以添加新的虚拟硬盘。单击"删除"按钮可以移除当前的虚拟硬盘，但不会从虚拟硬盘文件夹中删除该硬盘。以后可以单击"浏览"按钮再次添加移除的硬盘，或者添加其他已经存在的硬盘。

图 10.35　"硬盘驱动器"区域

在"SCSI 控制器"及其所属的"硬盘驱动器"中，可以添加 SCSI 控制器或 SCSI 硬盘。这些操作与"IDE 控制器"及其所属的"硬盘驱动器"的操作相同，这里暂不介绍。

（6）如图 10.36 所示，在"网络适配器"区域中可以修改虚拟网卡的属性。在"虚拟交换机"下拉列表中，可以选择 internal network、external network、private network，从而选择虚拟机网卡可以访问的网络。如果想设置虚拟机网卡的 MAC 地址则可以在"高级功能"的"MAC 地址"中设置。如果想从虚拟机中删除该网卡，则单击"移除"按钮。

图 10.36　"网络适配器"区域

（7）在 COM1 区域与 COM2 区域中可以配置虚拟机使用的端口，如图 10.37 所示。

图 10.37　设置虚拟机使用的端口

【说明】这项功能仅用于测试某些程序的调试，在当前版本中，无法将虚拟 COM 端口与物理 COM 端口关联。而 VMware 系列虚拟机中可以提供该功能。

（8）在"软盘驱动器"区域中可以为虚拟机指定虚拟软盘镜像文件。读者可以使用 VMware 虚拟软盘镜像文件、HD-Copy 软盘镜像文件等作为 Hyper-V 虚拟机的软驱，如图 10.38 所示。

图 10.38　设置软盘

（9）在"名称"区域中，不仅可以为虚拟机设置名称，还可以为虚拟机添加注释，如图 10.39 所示。

图 10.39　设置虚拟机名称并添加注释

（10）在"集成服务"区域中，安装 Hyper-V 虚拟机驱动后，可以为虚拟机提供的服务包括"操作系统关闭""时间同步""数据交换""备份（卷影复制）"等，如图 10.40 所示。

图 10.40　集成服务

（11）在如图 10.41 所示的"检查点"区域中，可以为虚拟机选择检查点文件的位置，在虚拟机创建检查点后，就无法修改此位置。

图 10.41 "检查点"区域

（12）在"自动启动操作"区域中可以设置虚拟机自动启动选项，如图 10.42 所示。

图 10.42 设置虚拟机自动启动选项

如果希望当前虚拟机可以在物理主机启动后自动启动，则可以选中"自动启动（如果当服务停止时它仍然运行）"单选按钮或"始终自动启动此虚拟机"单选按钮。如果有多台虚拟机需要自动启动，则可以为每台虚拟机设置"启动延迟"，以减少虚拟机之间的资源争用。

（13）在"自动停止操作"区域中（见图 10.43），可以设置物理计算机关闭时虚拟机执行的操作。

图 10.43　"自动停止操作"区域

如果选中"保存虚拟机状态"单选按钮，则当物理主机关闭时，正在运行的虚拟机会"休眠"；当物理主机启动时，如果当前虚拟机在设置中选择了自动启动，虚拟机就会从"休眠"状态中恢复。在当前的虚拟机中，只有 Virtual Server 2005、Hyper-V 虚拟机提供了该项功能，目前，VMware 系列虚拟机还不具备这项功能。

如果选中"强行关闭虚拟机"单选按钮，则当物理主机关闭时，将关闭虚拟机的运行。

如果选中"关闭来宾操作系统"单选按钮，则当物理主机关闭时，将关闭虚拟机的运行。

设置完成后，单击"确定"按钮。

至此，完成 Hyper-V 虚拟机的设置的修改。

实训 10　在 Hyper-V 中创建 Windows Server 2012 虚拟机

一、实训目标

（1）掌握安装并配置虚拟化服务 Hyper-V 的步骤。

（2）掌握在 Hyper-V 中创建虚拟机并安装 Windows Server 2012 的步骤。

二、实训准备

服务器端计算机配置：CPU 为基于 64 位处理器的 Intel Pentium 4 以上版本，内存不小于1GB，硬盘剩余空间不小于 20GB，并且已安装 Windows Server 2016，同时硬盘中有 Windows Server 2012 的安装程序。

三、实训步骤

（1）在服务器端计算机 Windows Server 2016 中安装 Hyper-V。

（2）在 Hyper-V 中进行基本设置，包括计算机名称、默认的虚拟硬盘、虚拟机的保存路径、热键设置等。

（3）在 Hyper-V 中进行网络设置，包括修改虚拟网络的名称、添加虚拟网卡并创建专门由 Hyper-V 虚拟机使用的专用虚拟网络。

（4）在 Hyper-V 中创建虚拟机，该虚拟机的硬件设置需要支持 Windows Server 2012。

（5）启动刚创建的虚拟机，安装 Windows Server 2012。

（6）安装 Windows Server 2012 后，重新启动虚拟机，并登录上面安装的操作系统，安装完毕。

习 题 10

一、填空题

1．虚拟化是将 _____的技术。虚拟化会提高资源的有效利用率，并且在使操作更加灵活的同时简化变更管理。

2．虚拟化有 4 个关键的特征，分别是_____、_____、备份及_____，这也是虚拟化的几个显著优势。

3．Hyper-V 包括 3 个主要组件，分别是_____、虚拟化堆栈及_____。

二、选择题

1．在核心服务器安装方式下，使用（   ）命令可以完成安装 Hyper-V。

　　A．Start /w ocsetup Microsoft-Hyper-V

　　B．Start /w setup Microsoft-Hyper-V

　　C．Start /R ocsetup Microsoft-Hyper-V

　　D．Start /R setup Microsoft-Hyper-V

2．管理 Hyper-V 有（   ）种方式。

　　A．1　　　　　　　B．2　　　　　　C．3　　　　　　　D．4

3．（   ）不是 Hyper-V 的特点。

　　A．虚拟机的内存容量最多达 64GB　　B．虚拟机最多支持 4 个 CPU 内核

　　C．只支持 64 位虚拟机　　　　　　　D．支持虚拟机快照

三、简答题

1．什么是虚拟化？Windows Hyper-V 有什么特点？

2．安装 Windows Hyper-V 前有什么要求？

3．如何在 Hyper-V 中创建虚拟机并安装操作系统？

4．如何设置 Windows Hyper-V？请描述主要步骤。

参 考 文 献

［1］SVIDERGOL B，MELOSKI V，WRIGHT B. 精通 Windows Server 2016[M]. 6 版. 石磊，卫琳，译. 北京：清华大学出版社，2019.

［2］王伟. 网络操作系统 Windows Server 2016 系统管理[M]. 北京：电子工业出版社，2021.

［3］杨云，徐培镟，杨昊龙. Windows Server 2016 网络操作系统企业应用案例详解[M]. 北京：清华大学出版社，2021.

［4］柴方艳. 服务器配置与应用（Windows Server 2016）[M]. 北京：电子工业出版社，2020.

［5］戴有炜. Windows Server 2016 网络管理与架站[M]. 北京：清华大学出版社，2018.

［6］戴有炜. Windows Server 2016 系统配置指南[M]. 北京：清华大学出版社，2018.

［7］刘芃，刘婷，刘群. Windows Server 2016 系统配置与管理[M]. 北京：电子工业出版社，2020.

［8］王淑江，李文俊，石长征. 精通 Windows Server 2012 网络服务器[M]. 北京：中国铁道出版社，2009.

［9］KUMARAVEL A. Windows PowerShell 高级编程[M]. 冯权友，译. 北京：清华大学出版社，2009.

［10］王小琼，杨志国，李世娇. Windows Server 2012 从入门到精通[M]. 北京：电子工业出版社，2009.

［11］戴有炜. Windows Server 2012 安装与管理指南[M]. 北京：科学出版社，2009.

［12］RUSSIONOVIH M E，SOLOMON D A，IONESCU A. 深入解析 Windows 操作系统（英文版）[M]. 5 版. 北京：人民邮电出版社，2009.

［13］夏皮罗. Windows Server 2012 宝典[M]. 北京：人民邮电出版社，2009.